豹紋守宮
完全飼養手冊

詳細解說飼養、繁殖到品種等,飼主常見疑惑全收錄

中川翔太／著　川添宣広／編輯、攝影

我們其實是很像蜥蜴的壁虎同類喔!

CONTENTS 目次

01 什麼是豹紋守宮？ P.004

- 005 豹紋守宮的名稱由來與涵義？
- 006 棲息於什麼地方？
- 007 野生狀態下何時出沒、會吃些什麼？
- 008 飼養需要申請許可？
- 009 身體有什麼結構？
- 010 有毒嗎？
- 011 牠們會斷尾嗎？
- 012 可以摸嗎？能否上手賞玩？
- 013 為何會受到歡迎？
- 014 何時開始流通於市面？
- 015 從哪裡來到日本的呢？
- 016 會脫皮嗎？壽命大概多長？

02 飼養篇 P.017

- 018 要去哪裡買？
- 020 先買個體再準備飼養設備來得及嗎？
- 021 從寶寶到成體會有差異嗎？
- 024 長大後外觀會改變嗎？
- 025 雌雄性的照顧和健康狀況有差嗎？
- 026 CB和WC有差別嗎？
- 027 不同品種有差異嗎？
- 028 挑選時該看哪裡、注意什麼？
- 030 購買時要先問哪些事情？
- 031 碰到問題該找誰商量？
- 032 不同出生國家的飼養方式有差嗎？
- 033 該怎麼帶牠們回家？
- 034 該如何裝盒？
- 035 能習慣自家環境嗎？
- 036 各季節如何維持溫度和濕度？
- 038 剛帶回家時該做些什麼？
- 039 飼養所需的用品和空間？
- 044 飼養箱越大越好？不能太窄小嗎？
- 045 飼養箱放在哪裡比較好？
- 046 怎樣能更快適應環境？
- 047 飼養箱要用買的還是自行製作？
- 048 一定要有躲避屋？
- 049 哪種保溫器具比較好？
- 050 需要照明嗎？
- 051 需要測量器具（溫度計和濕度計）嗎？
- 052 用哪種底材好？寵物尿墊也OK？
- 053 吃什麼呢？一定要餵活餌嗎？
- 060 哪種食物比較好？
- 061 需要鈣粉嗎？添加維生素D₃的產品比較好？
- 062 除了鈣粉，還需要其他營養品嗎？
- 063 餵野生昆蟲OK嗎？只餵人工飼料也能養嗎？
- 064 如何餵食餌食比較好？
- 066 想從昆蟲換餵人工飼料該怎麼做？
- 067 必須餵養活餌嗎？
- 068 餵食的頻率和時間？餵食時要把豹紋守宮從躲避屋裡拿出來嗎？
- 069 可以一箱養好幾隻嗎？
- 070 不願意進食該怎麼辦？
- 071 只餵一種食物OK嗎？可以用死蟲嗎？
- 072 豹紋守宮逃走（逃脫）時該怎麼辦？
- 074 任何時候都能摸嗎？需要泡溫水澡嗎？
- 075 長期不在家時該怎麼處理？
- 076 平常需要哪些照顧？

03 繁殖篇 P.077

- 078 適合繁殖的體型和年齡？
- 079 如何分辨雌雄？
- 080 適合繁殖的季節？
- 081 配對方法是？
- 082 不配對也會產卵嗎？
- 083 低溫飼養的期間和溫度？也想了解注意要點
- 084 低溫期的供水和餵食？產卵所需用品？
- 085 產卵會怎麼進行呢？
- 086 卵該如何保管？
- 087 性別是怎麼決定的？
- 088 該如何照顧剛孵化的寶寶？
- 089 卵裂開了
- 090 未受精卵和受精卵的差別？想了解確認胚胎發育的方法
- 091 需要把卵切開嗎？
- 092 會遺傳什麼給後代？體型也會遺傳嗎？

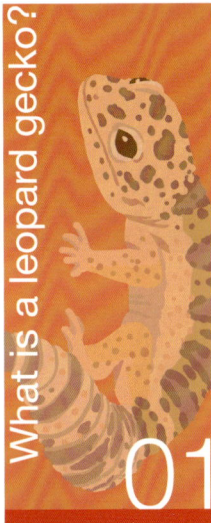

What is a leopard gecko? 01

Keeping 02

Breeding 03

健康管理篇 P.093

- 094 平時該確認哪些項目？
- 097 判斷過胖和減肥的方式？
- 098 沒狀況也該做健康檢查嗎？
- 099 請教常見的疾病和異常狀態
- 100 脫皮殘留時怎麼辦？
- 101 出現吐食、拒食與腹瀉
- 102 何謂隱孢子蟲症？
- 103 半陰莖囊腫大時如何處理？
- 104 眼睛或尾巴的形狀、骨頭有異常時？
- 105 自割時如何處理？
- 106 腹部不自然膨脹時如何處理？
- 107 半陰莖一直露在泄殖腔口外、關節腫脹
- 108 該怎麼帶去醫院？

品種篇 P.109

- 110 何謂品系？
- 112 品種是怎麼劃分的呢？
- 120 品種的機率很難算嗎？
- 121 系名可以自己取嗎？
- 122 各品種的飼養方式有差異嗎？
- 123 白化的身體很虛弱嗎？
- 124 有健康問題的品種是什麼？
- 125 最好別飼養或繁殖白黃、謎、檸檬霜、慾望黑眼？
- 126 各品種的健康問題可治癒嗎？
- 127 需要遠親繁殖嗎？
- 128 外觀相似的品種可以交配嗎？
- 131 交配會衍生健康問題嗎？
- 132 飼養溫度、濕度、年紀增長跟照明會使體色改變嗎？
- 134 只看照片就能知道品種？
- 135 買來的高黃個體看起來不像高黃
- 136 寶寶時期是普通眼，長大後卻變成日蝕眼？
- 137 悖論會遺傳嗎？
- 138 有辦法培育新品種嗎？
- 139 不小心繁殖太多
- 140 該怎麼蒐集資訊？
- 141 不靠自然交配，能否透過人工培育新品種？
- 142 為何都是豹紋守宮，價格卻有差異？
- 144 該如何成為繁殖者？
- 145 死掉了該怎麼辦？

品種介紹 P.146

- 148 基本品系
- 157 多基因遺傳品系
- 168 複合品系
- 177 野生型

其他守宮同類 P.179

- 180 守宮亞科所囊括的屬和種
- 182 美國守宮屬
- 184 亞洲守宮屬
- 188 東洋守宮屬
- 190 半爪守宮屬

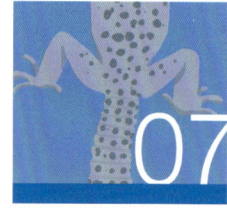

專欄 COLUMN

- 091 不挖開產卵床，該如何判斷有無產卵？
- 126 豹紋守宮可以跟其他守宮雜交嗎？
- 139 不該培育雜交個體？
- 140 停止產卵的原因？

003

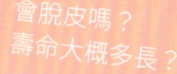
會脫皮嗎？
壽命大概多長？

豹紋守宮的名稱
由來與涵義？

野生狀態下何時出沒、
會吃些什麼？

棲息於
什麼地方？

飼養需要
申請許可？

什麼是
豹紋守宮？

What is a leopard gecko? 01

身體有
什麼結構？

市面上所流通的大多數寵物爬蟲類，即使是CB（人工繁殖個體），也都強烈保有原始野生生態，不像寵物犬貓那般受到馴化。所謂馴化，簡單說來就是已經明確建立飼養和繁殖方法，能藉著人類之手持續改良的狀態。未經馴化的爬蟲類寵物大多必須考量其生態、棲息環境及身體結構來擬定飼養方式。於此之中，持續受到馴化的豹紋守宮則具備一套「這樣做就能養」的標準方法，稱得上是寵物爬蟲類之中的一個例外。那麼，您是否想過「為什麼靠這套方法就能養呢？」那是因為這套做法就如同其他爬蟲類的飼養方式，是深思過「豹紋守宮是怎樣的生物」所推敲而出。若能先了解豹紋守宮的生態、棲息環境與身體結構，再進一步認識其流通歷史等，對飼養應會大有助益。

有毒嗎？

可以摸嗎？
能否上手
賞玩？

牠們會斷尾嗎？

從哪裡來到
日本的呢？

何時開始流通於市面？

004

豹紋守宮的名稱由來與涵義？

Question

Answer

中文名稱豹紋守宮，英文名稱Leopard Gecko，在日文中亦取英文字首暱稱牠們為「Reopa」。豹紋守宮並不是蠑螈等所屬的兩棲類，而是所謂爬蟲類的同類。學名寫作*Eublepharis macularius*，在生物分類學上歸類為亞洲守宮屬（*Eublepharis*）的斑紋種（*macularius*）。「豹紋」、「Leopard」跟「*macularius*」指的都是豹紋守宮身上蔚為特色的斑紋（豹紋），其名稱就是來自此種花紋。

守宮又名「擬蜥」，這個奇妙的稱呼源自於牠們的身體特徵。「蜥」指生物中的蜥蜴，「擬」簡單說來就是指「看來相似但實則不同之物」。守宮的生物分類為「有鱗目（包含蛇類、蜥蜴類等族群）蜥蜴亞目壁虎下目守宮亞科」，換言之，守宮在廣義上算是壁虎的同類。但牠們的特徵獨特，不像壁虎類般擁有能貼附於牆面的指頭結構（趾下皮瓣），卻又具備著壁虎類所沒有的眼瞼。由於「屬於壁虎卻沒有壁虎特徵，而具有類似蜥蜴的特徵」、「跟蜥蜴很像卻不是蜥蜴」，才會稱呼牠們為「擬蜥」。

豹紋守宮有眼瞼，能夠閉眼

多疣壁虎沒有眼瞼

豹紋守宮無法貼附於牆面

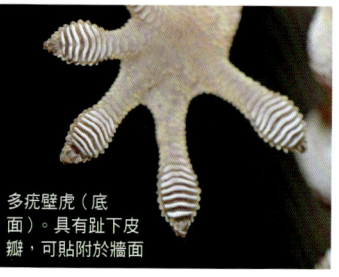
多疣壁虎（底面）。具有趾下皮瓣，可貼附於牆面

遠東石龍子的趾尖

005

LEOPARD GECKO
Q&A

棲息於什麼地方？
Question

Answer

野生豹紋守宮分布於印度西北部至巴基斯坦、阿富汗南部。其棲息地並非乾涸的沙漠，而是略微乾燥的平原和荒野等處。而這些地方也具有四季，並非長年如夏。既有大量降雨的季節，也有高濕度的悶熱季節，有些地區甚至還會降雪。

在這樣的環境之下，已知豹紋守宮基本上會在春至夏季活動，秋至冬季則會冬眠。冬眠結束後就進入繁殖期，一隻雄性常與數隻雌性形成繁殖群。

豹紋守宮的分布地區

巴基斯坦旁遮普省木爾坦跟東京都的全年氣溫比較

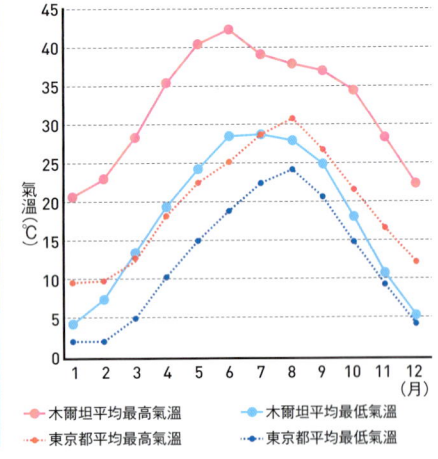

棲息地（荒地）意象圖

並非棲居於沙漠之中

野生狀態下何時出沒、會吃些什麼？

Question

Answer

豹紋守宮基本上是夜行性生物。在野生狀態下，牠們會整天潛伏於岩石陰影、其他生物所挖的洞穴等處，等入夜後才會離開住處，在附近晃來晃去。食物主要是昆蟲、蜘蛛類或蠍子類等節肢動物，推測隨著成長牠們亦會開始捕食小型爬蟲類或齧齒類的幼崽等更大型獵物。

LEOPARD GECKO
Q&A

飼養需要申請許可？
Question

Answer

飼養豹紋守宮不需要申請法律上的許可。飼主向商家或繁殖者購得後，就可開始輕鬆飼養。在日本，賣家須遵照《動物愛護管理法》的規範向地方政府登記為動物買賣業；未經登記就販售將會觸犯《動物愛護管理法》，亦可能遭到罰款（台灣則於《動物保護法》中規範）。

豹紋守宮可說是具代表性的賞玩爬蟲類，但牠們所會感染的「隱孢子蟲症」，可能會對守宮類等生物造成嚴重影響，因此被日本列於「生態系危害防止外來種清單」（前稱為「需留意外來生物清單」）中。不過，豹紋守宮還不像紅耳巴西龜等外來種已在日本落地生根。為求保護原生物種和豹紋守宮，飼養時務必要萬般留意，避免讓豹紋守宮逃至野外。

萬一逼不得已必須停止飼養，請向商家或飼主同好商量適當的做法。

日本（沖繩群島）也有守宮類動物（黑岩洞穴守宮）。名列「天然紀念物」

身體有什麼結構？

Question

Answer

泄殖腔口
位於尾巴根部。除了用來排出糞便尿液，也與交尾、產卵有關連。其周圍的特徵可以用來判斷性別。詳情撰於繁殖篇P.79「如何分辨雌雄？」。

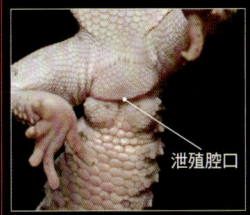

泄殖腔口

四肢和趾頭
前肢與後肢各有5趾。大多數的壁虎在趾頭底面都具有趾下皮瓣，因而能夠垂直攀牆。但豹紋守宮無此構造，所以沒辦法攀趾甲鉤不住的牆面。牠們的腳在產卵等情況下會用來挖洞，就算飼養箱裡沒有土，也能在角落觀察到牠們前肢如挖洞般搖抓的模樣。

皮膚
身上覆蓋細小鱗片，背部亦排列著更大片的凸起鱗片。看起來像疣的地方就是偏大塊的鱗片。

耳朵
牠們有著短短的外耳道，往深處可看見鼓膜。觸摸洞口附近，就能觀察到外耳道閉起的模樣。

用手指觸碰，外耳道就會關起來

鼻子
跟人類一樣，與呼吸和嗅覺相關。

眼睛
豹紋守宮具備多數壁虎都沒有的眼瞼，這也是牠們「擬蜥」別名的由來。進入眼睛的光線量是由虹膜控制。在明亮處瞳孔會閉闔，幾乎看不見眼睛的黑色部分；在陰暗處瞳孔則會打開，可看到大大的黑眼球。大理石眼、日蝕等品種的虹膜顏色會變化，因此不論周遭亮度為何，眼睛的顏色都會改變。

尾巴
這裡是養分的儲藏庫。攝取充分營養的個體，尾巴就會長得肥美。在找不到食物的期間也能利用儲存的養分來度過。當有危險逼近時會斷尾自割，其後會隨時間再生。尾巴的骨頭、肌肉等處原就具有自割構造，斷尾的截面相當整齊，也不太會出血。自割相關資訊，詳情撰於P.11「牠們會斷尾嗎？」。

口
上下顎有成排細齒。除了用來捕食，在脫皮時也會拿來剝皮。舌頭扁平，除了舔水之外，還可以拿來舔沾到眼睛的水滴。此外，爬蟲類的口蓋具有「鋤鼻器」這種器官，會有一部分能感知氣味的神經延伸至此。蛇和巨蜥都會積極吸吐舌頭，將空氣中的化學物質附著於舌面，再傳送至鋤鼻器來聞到味道。

009

有毒嗎？

Question

Answer

有些豹紋守宮品種的顏色看起來好像有毒，但其實不具毒性物質。在其棲息地，牠們有時似乎也會因外觀而被誤認為有毒。雖說無毒，被咬到還是可能會流血，請記得清洗和消毒傷口。筆者也被咬過幾次，但大多不至流血。唯一一次流血，是被超級巨人的雄性個體給狠狠咬了一口。

超級巨人的大型個體。牠們多半都是溫馴的個體，萬一真的被咬到，請記得消毒傷口

牠們會斷尾嗎？

Question

Answer

若曾捕捉過棲息於台灣、日本的壁虎，在捉起時或許曾碰到壁虎斷尾。這稱為「自割」，是自行切斷尾巴誘敵的保命行為。尾巴在切斷後還會再蠕動一陣子，趁著外敵注意尾巴，本尊就可以逃命了。

豹紋守宮也跟棲息於日本的壁虎一樣會自割。雖然已經適應的CB個體不太會自割，但偶爾會發生在警戒心還很強烈的豹紋寶寶。然而就算已經是成體了，倘若遭遇到從尾巴抓起等粗暴對待，或被飼養箱的門給夾到，還是有可能會發生自割。雖說這本來就是理所當然，其實只要悉心對待，通常都不會發生自割，還請謹慎以對。

自割後不太會出血，尾巴會再生，稱為「再生尾」。但尾巴並不會完全如故，而是會變得粗短，骨頭變成軟骨、皮膚的觸感也會改變。自割後的照顧方式將在健康管理篇P.105「自割時如何處理？」中介紹。

自割後的豹紋守宮

長出再生尾的個體。與左圖為同一個體

LEOPARD GECKO
Q&A

可以摸嗎？
能否上手賞玩？

Question

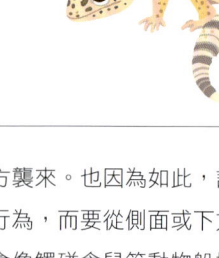

Answer

相較之下，豹紋守宮算是能觸摸的爬蟲類。不過其實爬蟲類全體皆然，被放在手上過度賞玩將會導致壓力，因此最好有所節制。此外也應避免如搔抓貓狗般的互動方式。說需要幫忙建設心理準備可能誇張了些，但最好還是採取讓牠們將人類身體當成運動場所般的互動方式。另外也應避免在餵食後立即上手賞玩，否則可能導致吐食。

大多數爬蟲類都傾向極度厭惡突然從上方被觸碰。推測這可能是因為牠們在地面上過著爬行的生活，而鳥類等多數天敵動物都會從自身上方襲來。也因為如此，請避免從正上方抓取等行為，而要從側面或下方溫柔拿起。許多人都會像觸碰倉鼠等動物般撫摸豹紋守宮的背部，這種摸法也不推薦。賞玩時要先將牠們放到手上或手臂上，接著再配合牠們的動作，從下方製造可供立足之處。

另外，豹紋守宮在極度警戒時會呈前傾姿勢，並舉起尾巴甩動。如果出現這種行為，最好就不要碰觸牠們。

賞玩範例

警戒姿勢

為何會受到歡迎？

Question

Answer

豹紋守宮不會讓毛滿天飛（掉毛）、不像狗兒需要散步、不會叫、養起來很省空間、飼養器具簡便、有專用的綜合飼料，以上種種特性讓牠們成為了符合日本現代住宅限制的寵物。不僅如此，某種程度上也已明確建立了豹紋守宮的飼養和繁殖方式。品種相當豐富，可按個人喜好選擇個體，而且流通量非常高，價格區間也很廣。還有，經常讓人感到意外的地方是牠們其實很長壽，動作相較悠哉，也能輕易地上手賞玩。牠們具有自成一格的特色，例如正臉看起來彷彿笑臉一般，可說是爬蟲類中最為普及的類型。

進一步言，牠們除了能當成賞玩動物來疼愛，更能以培育出原創品種為目標，因此愛好者遍及全球，在日本國內亦有大量繁殖者。誠如所述，光就豹紋守宮而言，既有著飼養單隻或數隻的玩家，也有著以數十至數百為單位、致力於培育的專家。能廣泛地享受飼養的樂趣，也是牠們受歡迎的一個原因。

013

何時開始流通於市面？

Question

Answer

豹紋守宮在歐美約於1960年前後，在日本則是1980年前後開始成為寵物進入市場。如今牠們已經改良成了爬蟲類新手也能飼養的寵物，但據說在流通初期，豹紋守宮曾幾乎都是野生捕捉的個體（WC〔Wild Caught〕個體），還有不少個體會驟然消瘦，實在難以稱為適合新手飼養。不過約從1990年開始，人工繁殖個體（CB〔Captive Breed〕個體，人工飼養下的繁殖個體）開始廣為流通，也已明確建立飼養方式。隨著時代變遷，開始培育出了各式各樣的新品種，除了個體變得健康外，也能以更實惠的價格取得。

目前，由於其棲息地的政治狀況不穩定等因素，市面上大多皆是CB個體，幾乎無野生個體流通。另外近年基於野生個體族群減少、可能成為感染媒介等各類觀點，將野生動物拿來當寵物飼養的做法已被視為一個議題。但實際上，市面所流通的寵物爬蟲類之中，還是存在著不少WC個體。

有鑑於此，豹紋守宮要說是完善馴化的爬蟲類也不為過，牠們正逐漸被視為「不會因寵物需求而對野生個體造成負擔」的動物。

WC個體

從哪裡來到日本的呢？

Question

Answer

如同前面（P.14）所述，目前豹紋守宮幾乎沒有從原產地進口到日本的WC個體，多半是經人工培育出的CB個體。而說起這些個體最初是從哪些國家進口而來，除了美國、加拿大與波蘭、荷蘭等歐洲國家跟中國、韓國之外，亦有在巴西、印尼等各國培育後進口而得。在美國有LeopardGecko.com、Geckos Etc.、JMG Reptile，加拿大有The Urban Gecko，波蘭有Ultimate Gecko等，各國都有許多歷史悠久的大規模繁殖場，這些名號在日本也經常耳聞。

豹紋守宮在過去曾有大量進口個體，如今日本CB的流通量也已增加，就算不是繁殖者直售，也經常能在專賣店看到蹤影。日本CB跟其繁殖者的距離很近，更能輕鬆詳細掌握出生年月日、親代個體等資訊，亦有著運送壓力較小等優點。

可以在繁殖者交流活動（BURIKURA市集，關西／TONBURI市集和HBM〔Herptile Breeders' Market〕，東京／SBS〔四國Breeders' Street〕，四國）中，見到大量出生於日本的豹紋守宮

LEOPARD GECKO
Q&A

會脫皮嗎？
壽命大概多長？

Question

Answer

豹紋守宮跟其他爬蟲類一樣會脫皮。說起「脫皮」，在蝦蟹、昆蟲這類節肢動物身上也會發生，主要目的是為了成長；另一方面，爬蟲類脫皮的主要目的則是藉由褪去舊皮、長出新皮來達成新陳代謝。以人類的角度來看，就像是角質脫落一般。換句話說，豹紋守宮從出生到死亡都會反覆脫皮。當然，脫皮的頻率也會依據牠們的生長階段、溫度等條件而有所差異。

豹紋守宮脫皮時，首先會從鼻尖開始。牠們會用這個部分去磨蹭東西，將皮逐漸剝下，等脫落到某個程度後，就用嘴巴朝腳和尾巴的方向靈巧撕下。就連眼睛也會像摘下隱形眼鏡般脫皮。這在飼養過程中時常可碰見，假使有幸目睹請務必觀察看看。牠們會吃掉脫下來的皮。假如沒有順利消化，亦可能保持原樣混於糞便中。若脫皮未能正常進行，就稱為「脫皮不全」。相關資訊將於健康管理篇P.100「脫皮殘留時怎麼辦？」中詳述。

大家經常會問到豹紋守宮的壽命，其實只要養得健康，活過10年也不罕見。長一點的也有個體活了20多年。由於將會與牠們長久相伴，在決定飼養前應好好考慮，選擇自己能夠接受的個體。

豹紋守宮會把舊皮吃掉

016

先買個體再準備
飼養設備來得及嗎？

哪種食物比較好？

要去哪裡買？

長大後
外觀會改變嗎？

從寶寶到成體
會有差異嗎？

雌雄性的照顧和
健康狀況有差嗎？

飼養篇
Keeping 02

剛帶回家時
該做些什麼？

需要照明嗎？

CB 和 WC
有差別嗎？

豹紋守宮如今已是廣受喜愛的寵物，除了透過專賣店和繁殖者，亦能在交流活動、居家用品量販店等多種管道購得。而飼養用具的產品類型同樣豐富，光是飼料就囊括了人工飼料和昆蟲，亦有形形色色的餌蟲流通於市。除此之外，各個品種也都具有多樣特色。本章將會解答挑選個體以至於飼養方法等相關疑問。請勿衝動購買，先累積足夠的知識再迎接牠們吧。

吃什麼呢？
一定要餵活餌嗎？

能習慣自家環境嗎？

購買時要
先問哪些事情？

碰到問題
該找誰商量？

該怎麼
帶牠們回家？

不同出生國家的飼養方式有差嗎？

LEOPARD GECKO
Q&A

要去哪裡買？

Question

Answer

如今除了透過爬蟲類專賣店、繁殖者、展示販售交流活動等處，在綜合寵物店和居家用品量販店也都能買到豹紋守宮。購買地點沒有限制，但若是初次嘗試，建議除了購買的當下之外，包括售後問題都要請教可靠的專賣店或繁殖者。另外飼主也不能光是倚靠別人，自己也應透過書籍等途徑蒐集資訊。若是對品種、血統、異合子（參照P.112）等資訊有要求的話，則建議向同樣有所堅持的商家或繁殖者購買。

假如想在展示販售交流活動上購買，不妨先行了解活動的特性再參加。除了專賣商家齊聚一堂的大規模交流活動、眾多繁殖者帶來繁殖個體的繁殖者交流活動外，尚有只聚焦於特定品種類型的活動。有興趣的話，可以試著透過官網或專業雜誌等確認活動詳情。此外，活

可以跟購買豹紋守宮的專賣店請教飼養相關的建議

動現場人聲鼎沸,言談交流會相當匆忙。建議事前就要準備好基礎的飼養知識,不慌不忙地仔細挑選個體,並且在確實詢問必要資訊後再購買。

在日本購買爬蟲類時,一定會拿到依法所需的必要文件備份。這份文件上會明確寫出賣家的名稱、個體的資訊等,記得要慎重保管。

有些繁殖者還會額外提供詳細記錄了所購個體及親代相關資訊的表單、介紹飼養方式的書籍或是名片等,這些東西也都要好好保管,千萬別弄丟了。

購買時拿到的說明書

爬蟲類交流活動的情景。BURIKURA市集(關西)、TONBURI市集(關東)、HBM(東京)、SBS(四國)、九州爬蟲類節(九州)、壁虎市集(關東)等皆在此列

019

先買個體再準備
飼養設備來得及嗎？

Question

Answer

要說來不來得及，是不會來不及，但並不推薦這麼做。飼養豹紋守宮不像養熱帶魚必須先花時間養水，而且若是在溫暖的季節，放在買來時的簡易容器內短短幾天，也都能平安度過。不過，若飼主對豹紋守宮這種生物並不具有足夠的認識，就應避免採取這類處置，以免發生問題。

最妥善的方法，是在帶牠們回家的數天前就先準備好一套飼養用具，並確認過保溫器具的運作狀況、飼養箱內的溫濕度、飼養空間本身的環境。由於剛帶回家時還不能馬上餵食，

因此飼料部分可以等到要帶守宮回家時，再購買牠們平時在吃的東西。假使是向商家購買，若狀況許可就先預約好預計購買的個體，並在飼養環境設置妥當後再帶回；如果是在交流活動等處購買，也要記得在當天連同相關用具一起買回家。此時請慎重思考，自己是否只是貪圖方便就衝動購買。並不推薦讓豹紋守宮一直待在購買時的簡易容器，避免像是因線上購買飼養用具比較便宜，就將準備工作往後延，直到東西寄到才換籠等等。

在爬蟲類交流活動之中，也會有主要販售飼養用具的攤位

從寶寶到成體
會有差異嗎？

Question

Answer

豹紋守宮就跟其他動物一樣，在不同的成長階段，除了體型、花紋等外觀以外，所適合的溫濕度、餵食頻率、體力等也都會有差異。請按階段逐一確認。

另外，各階段所標出的時期和體型都只是大概，實際上還會依飼養環境、所餵的食物種類等因素產生變化。請當作參考就好。食物尺寸是以黃斑黑蟋蟀為指標。若要餵食其他東西，請提供飼養個體所適合的尺寸。

寶寶（幼體）

- 此階段的大致時期：出生後1個月左右，全長約12cm以內
- 溫度：高溫約至30～32℃，低溫約至26～28℃
- 濕度：約60～80%（飼養箱內整體偏高為佳）
- 食物尺寸：約S～M尺寸的蟋蟀
- 餵食頻率：每天餵～隔一天餵，能吃多少給多少

這是最脆弱又成長飛快的階段。也由於對刺激較為敏感，很容易發生自割等意外。若能在飼養箱內放置躲避屋，尤其從寶寶到青年期，狀態會更穩定一些。購買時請選擇至少出生2週、已經開始進食的個體。若有顧慮的話，購買再大一些的青年體會更放心。

此時應維持偏高的溫濕度，並須高頻率餵食。寶寶尤其不耐乾燥和低溫，在不習慣的環境中容易引發拒食和脫皮不全，必須多多留意。食物太大塊或溫度過低會導致消化不良和吐食。如果心一急就繼續餵食，則可能養成慣性吐食。牠們在這個階段體力也不太好，假如發生吐食，記得先保持冷靜，改善問題後間隔約1～3天再重新餵食。此外，有時豹紋守宮會被活蟋蟀咬到而出狀況。若要使用活餌，還請多加用心，例如使用較小隻的蟋蟀、弄碎頭部、去除觸角，並用鑷子餵食等。

從寶寶階段開始飼養，相信飼主會對花紋的變化感到相當驚豔。這是外觀改變最多的一個階段，做個成長紀錄也會很開心。另外，此時期身體偏向朝縱向延伸，等到尾巴膨脹起來，大多已是青年體後期左右的個體。

寶寶

青年體（年輕個體）

- 此階段的大致時期：出生後1～3個月左右，全長約12～15cm以內
- 溫度：高溫約至30～32℃，低溫約至26～28℃
- 濕度：約60～80%
- 食物尺寸：約M～ML尺寸的蟋蟀
- 餵食頻率：隔1～2天餵，能吃多少給多少

相較於寶寶，青年體更為健壯，體力也逐漸充足。這是初次飼養者也能放心購買的階段。食物量會變得比寶寶多，但從青年體開始，已經可以慢慢地降低餵食頻率。這是成長的正常現象，不需要勉強餵食。青年體跟寶寶一樣正值成長期，需要維持偏高的溫度和濕度。此時仍是能夠欣賞到花紋變化的時期。此外，有些個體將可透過肉眼辨識性別。

進入青年期，不少個體已經都能輕鬆捕捉到活蟋蟀等。也不妨先從偏小隻的蟋蟀開始餵，觀察一下情況。另外，請取出沒吃完的活餌，否則可能導致飼養個體拒食或被咬。

亞成體（Subadult）

- 此階段的大致時期：出生後3～8個月左右，全長約15～18cm以內
- 溫度：高溫約至30℃，低溫約至25℃
- 濕度：約50～60%（須將部分位置設定為70～80%）
- 食物尺寸：約ML～L尺寸的蟋蟀
- 餵食頻率：隔2～3天餵，能吃多少給多少

青年體

長到這個程度後，已經比寶寶和青年體穩定許多，越來越多個體的尾巴會在儲存養分後膨脹起來。亦可拉開餵食間距，即使有幾段時間不餵食，由於營養已經存進尾巴中，相較於寶寶並不會產生大問題。只要別太極端，就算溫度跟濕度有日夜差異也無妨。不過請留意避免悶熱不通風。亞成體不像寶寶和青年體需要常保高濕度，但還是要打造一個如潮濕躲避屋等濕度偏高的地點。此外，在變成亞成體後，透過肉眼就能輕鬆判斷性別了。花紋和色彩變化會穩定下來，橘化等發色華麗的品種則會進入最美麗的時期。

成體（Adult）

- 此階段的大致時期：出生後8個月～，全長18cm～
- 溫度：高溫約至30℃，低溫約至25℃
- 濕度：約50～60%（須將部分位置設定為70～80%）
- 食物尺寸：約ML～L尺寸的蟋蟀
- 餵食頻率：隔3～4天餵幾隻；依體型亦可每週餵食1次，能吃多少給多少

　　長到成體後體型會變得精實，雖然每次的餵食量增加了，進食頻率卻會降低。相較於成長期，此時期必須小心過胖的問題，請注意餵食量和頻率，努力維持健康體型（參照飼養篇P.28～29「挑選時該看哪裡、注意什麼？」）。健康個體就算一個月內都只餵水也能活，在需要降溫和繁殖時可考慮這麼做。

亞成體

成體

LEOPARD
GECKO

Q&A

長大後
外觀會改變嗎？

Question

Answer

豹紋守宮的幼體不論品種，大致上都是從某種底色長出深色花紋。這些深色部位會隨成長逐漸變淡，原色（Normal）豹紋守宮會轉為薰衣草色並浮現斑點；粗直線（Bold Stripe）會留下粗邊，幾乎不會浮出斑點；少斑橘化（Hypo Tangerine）則幾乎會全部消失。誠如所述，花紋會隨成長產生變化，同樣是飼養豹紋守宮的一種醍醐味。

等豹紋守宮進入成體，花紋穩定下來之後，顏色就會隨著年齡增長逐步變化。就算是色澤鮮豔的少斑橘化等類型，也大多會褪色。趁年輕的時候先拍照，往後再用來兩相比較，應該也會相當有趣。

原色豹紋守宮的成長變化

少斑橘化的成長變化

雌雄性的照顧和健康狀況有差嗎？

Question

Answer

雄性和雌性在基本照顧方面並無差異，但體型和健康條件則有所不同。體型方面，雄性的身體較雌性長，頭部也會長得較大，看起來彷彿長著鰓一般；另一方面，雌性比雄性小隻，頭也比較小，許多個體都有著整體飽滿的輪廓。想確切判斷性別，必須觀察泄殖腔口一帶。詳情請參照繁殖篇P.79「如何分辨雌雄？」。

若想繁殖，由於雌性產卵需要體力，即使是成體也要高頻率餵食；而雄性並不會消耗那麼多體力，若採用產卵期雌性的餵法，常會導致過胖。

另外，也不推薦多隻飼養。把多隻雄性養在一起會引發激烈衝突，絕對不可為之；相對於此，雌性則鮮少發展出嚴重的爭端。

在健康層面上，雄性具有半陰莖，因此可能發生半陰莖脫垂或精莢栓塞（收放半陰莖的半陰莖囊產生栓子而栓塞的症狀）等疾病；另一方面，雌性則可能發生卵滯留或卵泡滯留等疾病。詳情請參照健康管理篇P.103「半陰莖囊腫大時如何處理？」。

雄性（左）雌性（右）的體型比較

LEOPARD GECKO

Q&A

CB和WC有差別嗎?

Question

Answer

豹紋守宮在日本幾乎沒有WC個體流通,但最好還是要將CB跟WC視為完全不同的東西。尤其豹紋守宮的流通個體幾乎全是CB,用相同手法來飼養WC除了會失敗,還可能會將隱孢子蟲等疾病傳染給其他飼養個體。若沒有特殊的講究,在現況下飼養WC豹紋守宮並沒有太多好處。

誠如所述,WC和CB的差異可說適用於全體爬蟲類。舉近年很好懂的一個例子,自然就是肥尾守宮了。WC肥尾守宮的流通價格比CB便宜,但剛進口的個體皮膚粗糙,看起來就像布滿粉末,尾巴經常也已經是再生尾。在專賣店裡受過充分照顧的個體會很好養,但光就價格因素選擇購買WC可說並非上策。剛進口的WC還是很難達到CB的穩定程度。

WC個體必定會經歷從捕捉到出貨期間因保管、運輸等過程所帶來的壓力,除了脫水、脫皮不全、多傷等狀況外,許多個體的營養狀態也很差。此外,神經敏感的個體也不在少數。視情形甚至需要驅除寄生蟲。如果要養WC,須盡可能選擇健康狀態良好的個體,先一邊觀察狀況一邊養胖。考量到可能將疾病等傳染給其他飼養個體的風險,最好要跟原有的飼養個體隔開距離,並且單獨以專用的飼養器材來管理。

另外,以野生型(Wild Type)、野生系(Wild Line)、野生血統、原種等名稱流通的豹紋守宮,幾乎全都是CB。這些稱呼是指留有豹紋守宮原始姿態的個體,在意義上用於跟經過品種改良而獲得華麗色彩及變異的個體做出區別,實際上並不是WC。

剛進口不久的肥尾守宮WC。再生尾的個體

肥尾守宮CB

不同品種有差異嗎？

Question

Answer

某些品種在飼養過程中會有差異，下面將介紹尤其常見的特徵。這些品種若顯現病症，幾乎就不會再痊癒。

● **超級馬克雪花、日蝕等會影響眼睛的品種**：弱視。就算有大量食物迎面而來，也可能抓不到目標。為了防止誤食，飼養箱內應避免放入不需要的物品，並盡可能用鑷子餵食。

超級馬克雪花

日蝕

● **白化系品種**：對光敏感，在明亮場所容易閉眼。當結合超級馬克雪花或日蝕等會影響眼睛的品種時狀況尤其顯著。應依個體狀況用鑷子餵食。

白化超級馬克雪花

● **白黃、謎**：有先天性疾病。有時會繞圈圈甚至翻面，症狀有個體差異。應依個體狀況用鑷子餵食。產卵和降溫等壓力也可能導致突然發病。若要購買含有這些品種基因的個體，最好選擇已成長到特定程度的個體。

謎

● **慾望黑眼（NDBE）**：眼球會隨成長萎縮，眼睛會變得無法張開。需用鑷子餵食。

慾望黑眼

● **檸檬霜、超級檸檬霜**：會長惡性腫瘤。從輕微到重度狀況各異，腫瘤也可能破裂。此外，有些超級檸檬霜的眼瞼、眼球、下巴等處會有畸形，許多個體都很短命。

檸檬霜的腫瘤（症狀較輕的個體）　照片提供、拍攝個體◉小田原Reptiles

027

LEOPARD GECKO
Q&A

挑選時該看哪裡、注意什麼？

Question

Answer

在購買豹紋守宮時，首先應就外觀檢查下列項目。這將會是長伴身旁的生物，記得要多看多問。另外，在購買後產生的疑問能否獲得解答，也是很重要的一點。

1 尾巴和身體是否過瘦

要挑選尾巴膨大的個體。從寶寶到青年體，有些個體的尾巴看似稍微細了點，但這是偏向總長度增加而非身體變胖的時期，因此看起來經常是如此。不過就算是寶寶到青年期的個體，假使尾巴根部到末端完全沒有膨脹，仍是建議避開為佳。不論處於哪個成長階段，身體飽滿尾巴卻異常細瘦的個體，都要懷疑有某些地方健康欠佳。

從尾巴看體型

過胖　　一般　　細　　異常

2 是否有腹瀉或吐食

這是相當重要的一點。健康的糞便應是固體，若有液態腹瀉就請留意。容器中有液態糞便的髒汙亦需警覺。當有發生吐食，假設食物是蟋蟀，就會有整隻完整捲起的蟲子掉落在旁。這種狀況也須留心。另外還可能感染如隱孢子蟲症（健康管理篇P.102「何謂隱孢子蟲症？」）般不會顯現症狀的疾病。除了觀察想買的個體，若旁邊還有其他隻豹紋守宮，也要一併檢查其他個體的狀態和衛生環境。

健康糞便的照片

3 皮膚是否有脫皮不全等異狀

有脫皮不全，蛻皮容易會殘留在尾巴尖端、眼瞼跟趾尖。長期發展的脫皮不全將導致發炎或壞死。此外若發現脫皮不全，可以推測並未在適宜的環境中飼養，個體有可能已經處於拒食狀態。另外還必須確認是否有皮膚發炎

或外傷。

脫皮不全的趾尖

5 眼睛睜得開嗎

豹紋守宮屬於夜行性，因此在明亮的場所容易閉上眼睛。另外，有些白化系（尤其超級雪花、日蝕這類包含會影響眼睛之品種的複合品種）個體在明亮場所幾乎無法睜眼。應先具備這層認知，透過製造陰影等方式將環境調暗，確認眼睛能否張開、眼球是否混濁等。

有些品種容易閉眼

4 走路方式跟四肢是否異常

先天畸形、代謝性骨病（在人類身上稱佝僂病）等，有可能造成四肢彎曲。有狀況輕微的，也有關節前端朝奇怪方向彎曲的，狀況千奇百怪。別光從容器外側觀察，如果狀況允許，就請業者將豹紋守宮自容器取出，在桌面等平坦處讓守宮步行，確認有無異樣。此外，謎、白黃等具有先天疾病的品種，也可以先確認症狀的嚴重程度。除了有疾病的品種外，極少數時候也會碰到步行異常的個體。就算四肢沒有彎曲，先確認走路姿態絕對不會虧。

6 體型是否與年齡相符

須確認是否有明顯的發育不良，比如出生超過1年，卻還維持著寶寶體型。在這類發育不良的個體當中，也有一些光從體格看不出問題。記得要認真確認個體呈現該體型的原因。另外，某些繁殖者會從亞成體左右就開始輕度降溫飼養，這基本上對健康不會造成問題。

最好也要確認走路的姿態

購買時要先問哪些事情？

Question

Answer

飼養環境所會產生的相關疑問，光從個體外觀是無法預測的。請務必要詢問以下2點。向商家購買時可以慢慢諮詢，但若在交流活動等場合，則可能因時間不足、店員來去匆忙而漏問。不要心急，把該問的都要問到，有需要也可做筆記；如果當場沒能問到，事後也可透過電話等方式確認。另外，聯絡方式都會寫在購買時所附的文件上。

1 平時吃的食物和餵食頻率

豹紋守宮的食物類型廣泛，光蟋蟀就分成冷凍、活餌等狀態，種類也相當多。不同繁殖者和商家的做法可能有異，例如只使用單一餌蟲，或不使用人工飼料等。雖可慢慢轉換成適合自身飼養型態的食物，但豹紋守宮當然也可能不接受。因此首先還是得掌握該守宮已經有在吃的東西，準備起來放會更保險。

另外也要確認餵食頻率和購買地點，先仿照原本的做法，其後再根據自身風格、個體的生長階段來調整餵食頻率。

2 溫度和濕度

用來管理豹紋守宮的溫度和濕度，會因繁殖者、商家、出口國等各有差異。若溫度等條件從原本的環境產生急遽變化，有可能引發拒食等問題。記得要好好確認購買來源的飼養環境，並在自家重現。

在國外最主流的做法，是用約30℃的高溫來飼養。有時甚至還會使用加溫線等配備。在這類環境中長大的個體，一碰到低溫就會馬上停止進食。說是低溫，其實有時降到約26℃就完全不吃了。若在秋冬、初春等時期購買就需要留意。另一方面，日本也有繁殖者會將室溫維持在28℃左右，在不額外設置加溫器具的情況下培育。在這種環境下長大的個體，就算溫度僅有26℃左右，只要能降低餵食頻率就還是願意進食，並會緩慢成長。

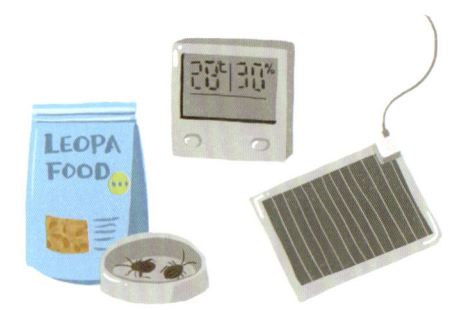

碰到問題該找誰商量？

Question

Answer

這要看情況。在購買後數個月內產生的疑問，建議先去請教原商家。例如不吃東西等疑問，就會需要得知原始的管理溫度和餵食內容。有時狀況則是來自於個體層級的特殊習慣。這些資訊賣家都會知道，因此應優先聯絡購買處。就算跑去問其他人，到頭來還是會需要「溫度多少」、「餵什麼食物」等詳細資訊，反之不僅事倍功半，也會很難獲得切中要點的解答。若能跟商家保持良性往來，會更了解彼此的飼養方針，可能也更容易得到有益的答案。

買一陣子過後碰到豹紋守宮身體不適等情形，則最好尋求獸醫師的協助。如果還是一直未見改善，或基於某些原因無法請教商家，也可以嘗試問問第三方。雖說是第三方，透過社群媒體等管道尋求門外漢的意見，經常會招致不必要的混亂。推薦要去請教已有長期運作的繁殖者或專賣店。在發問或看病前，要先確實掌握自家的飼養溫度和餵食頻率。備妥飼養空間的擺設照，溫度和濕度則利用最高最低溫度計、濕度計、紅外線測溫槍等器具事先量測。尤其加溫墊正上方的溫度等，請用紅外線測溫槍確認。

在這種時刻，筆者希望大家能夠參考書籍，達到學習基礎知識的功效。若能透過看書來充分因應，就可以減少數不清的麻煩事。就算不得已必須求助專家，什麼都不懂的人跟擁有基礎知識的人，在提問程度和吸收能力上都會產生落差。

紅外線測溫槍。能精確量測溫度的器具。在諮詢前記得先記下飼養溫度等數據，幫助讓對方了解自家飼養環境的狀況

不同出生國家的飼養方式有差嗎？

Question

Answer

飼養環境會因繁殖者而各有不同，此處將大致介紹外國CB跟日本國內CB的差異。基本上只要模仿商家等處的飼養環境就不會有問題，而若能先掌握此篇所列舉的特徵，相信將有助於在購買後打造飼養環境。不過以下內容並非絕對，也會碰到例外的狀況。若是外國CB，將會很難直接請教繁殖者；日本CB則能詳細詢問。

1 海外CB

• **飼養溫度**：美國、歐洲、亞洲各國等海外各地的繁殖者，主流是以室溫約30℃的高溫將豹紋守宮一口氣養到大，這在美國尤其普遍。有時除了調整室溫，還會加上線狀加溫器。因此這些個體在來到日本後，商家大多也會用高溫管理，若牠們在買回家後身處低溫，就可能因此拒食。另外，歐洲也有不少繁殖者會用後述跟日本相近的環境來管理。

• **餵食**：若是國外CB，主要會擺放麵包蟲，副食品則餵家蟋蟀等，多是日本不太常見的形式。或許因為國外有許多大規模養殖場，會一隻隻餵食人工飼料或用鑷子餵食冷凍蟋蟀的繁殖者並不多。在日本國內商家，願意吃冷凍蟋蟀和人工飼料的個體，大部分都是在進口後適應的個體。假如這些個體不再願意吃平時餵的食物，嘗試使用出口商應曾餵食過的麵包蟲或家蟋蟀，也能有效改善。

2 日本國內CB

• **飼養溫度**：日本雖然也有人採取前述外國繁殖者般的高溫飼養，印象中還是較多人會將室溫設定在26～28℃左右，並使用板狀或線狀加溫器。之中也有一些繁殖者會單純提升室溫，不使用加溫器。若一樣是在日本飼養，將能輕易重現這類環境，不太會發生接回家養之後拒食等的問題。

• **餵食**：出於飼養規模和居住環境的限制，許多繁殖者都會使用冷凍蟋蟀和人工飼料。此外，小規模繁殖者有時會輪番使用各式各樣的食物。當然，也有一些繁殖者只餵活的餌蟲，因此必須先行了解。但不論如何，這些都是在日本相當容易取得的餌料。

該怎麼帶牠們回家？

Question

Answer

購　買豹紋守宮時，商家會先幫忙裝進適宜的容器之中，但在不同季節，帶回家的方式跟注意要點都不一樣。另外必須留心，帶回家時的溫度範圍約抓在20～30℃，要抓緊時間直接返家，不要拖拖拉拉。

1 夏季等高溫季節

　　務必留意高溫致死的意外。請避免將豹紋守宮留在沒開冷氣的車內、擺在日光直射處（盛夏的窗邊等也要小心）、直接放在已經變熱的地面上等行為。一個沒顧好就可能導致牠們死亡，就算沒有死，內臟等處也可能受損。要搬運豹紋守宮，最好都要在有冷氣吹送的環境，或在涼爽的時段進行。

2 冬季等低溫季節

　　在低溫的季節，通常會採取在保冷袋或保麗龍箱內擺暖暖包的搬運方式。若是短時間移動，在紙袋裡放暖暖包等尚可充當權宜之計，但若時間偏長就得準備保冷袋或保麗龍箱。商家和繁殖者不一定會幫忙準備紙袋和暖暖包之外的物品，因此要盡量自行備齊。另外，盛裝生物的容器在保冷袋或保麗龍箱內滑動會導致壓力，若能再準備報紙等緩衝材料會更好。

　　使用暖暖包時必須注意的地方是，鋪放在裝著生物的容器正下方會導致低溫燙傷，最糟的情況甚至會因高溫而死亡。請務必將暖暖包貼附於容器外部的側面，或者保冷袋和保麗龍箱內側的側面。此外，在無氣孔的保麗龍箱這類密閉環境使用暖暖包容易導致缺氧。因應方式是將保麗龍箱鑽孔，保冷袋則要稍微打開拉鍊等，暖暖包只使用必要的數量就好。

帶回家的範例

033

LEOPARD GECKO

Q&A

該如何裝盒？

Question

Answer

 買豹紋守宮時，經常會裝在圓形杯子等容器中。商家和繁殖者都會幫忙用最適當的方式裝盒，但若是基於就醫需求等因素必須自行裝盒，就必須注意以下幾點。

1 材質

容器要使用塑膠材質的製品。使用紙材可能會被糞便和尿液弄軟，導致豹紋守宮逃脫。

2 開孔

密閉容器恐怕有缺氧之虞，因此要先鑽好小氣孔。另一個目的是防止糞便和尿液的氨引發中毒。

3 使用小一點的容器

要選偏小一點的，避免使用過大的容器。豹紋守宮的身體若能靠著牆面等處，心情通常就會平靜。另外，太大的容器也可能會導致滑動、碰撞牆面等意外。若只有大容器就要設法因應，例如將揉成一團的廚房紙巾放入當緩衝材料等。

4 底材

底面要鋪廚房紙巾、椰纖土或楊木屑等。這同樣是為了避免滑動引發壓力或意外。

5 其他注意要點

若是短時間裝盒，就不需要使用噴霧器等措施來避免悶熱。不推薦長時間保持裝盒的狀態，最長頂多約4天為佳。另外，如果已經預先定好裝盒的日期，可以從2～3天前就停止餵食，以防止糞尿髒汙和吐食等情形。如果因為「不餵好像很可憐」、「牠好像想吃東西」等理由而懈怠了停止餵食的步驟，將可能會造成大麻煩。請考量豹紋守宮的生態，妥當準備以避免意外。

裝盒範例。在開了小洞的塑膠容器中鋪放底材

能習慣自家環境嗎？

Question

Answer

若是購買日本國內CB，由於容易重現販售處的濕度和食物，豹紋守宮應更能輕鬆適應自家環境。劇烈的環境變化會對個體造成負擔，或引發拒食等麻煩的狀況，必須極力防範。

若是國外CB，過去多是受到高溫管理，因此商家也幾乎都會依照該類環境的標準來管理。如果養在室溫26℃等環境下，有可能導致生病。建議最初先維持約30℃，再花費數個月以上的時間，讓豹紋守宮慢慢適應自家環境。

另外，從晚秋到冬季、春季等需要加溫飼養的低溫時期，若只關心溫度，沒注意到濕度下降，也常會發生拒食的情況。記得要運用潮濕躲避屋和加濕器等用具，濕度管理同樣不可馬虎。

長期飼養了20多年的個體。經過長期飼養的個體，大多已經適應日本的環境，能接受隨季節變化的飼養方式

035

LEOPARD
GECKO

Q&A

各季節如何維持溫度和濕度？

Question

Answer

飼養期間，基本上請參照各成長階段所適合的溫度、濕度等環境條件（飼養篇P.21～23「從寶寶到成體會有差異嗎？」）。

以下將會介紹各季節的維護方式和注意要點。另外，用最高最低溫度計來掌控溫度會很方便。亦可設置數台測量器材，以防故障。

1 冬

若要管理大量個體，通常會用空調來替整個空間加溫；而若是少數幾隻，亦可考慮運用簡易的園藝用塑膠布溫室或小型玻璃溫室等。市面上也有販售溫室專用的加溫器，可以用來加熱溫室內部的空氣。如果想找容易取得的寵物用品，則可設置控溫器，搭配雛鳥保溫燈、陶瓷保溫燈等不會發光的保溫器具，或者接上日夜兼用的保溫燈泡。此時須將加熱用具設置於溫室的最底層，並充分確認並未接觸到周遭物品，以免發生火災。讓小型電扇保持運轉，會更有助於解除溫室內部的悶熱。

若是只養一隻，飼養箱內最好也要有一部分跟溫室一樣，要設置寵物用保溫器具來加熱。此時為防止熱度導致變形等問題，必須換成大一點的玻璃飼養箱，讓飼養環境內部產生溫度梯度。保溫器具必須放在飼養個體碰不到的位置，以免造成燙傷。

如果只全心留意溫度，很多時候濕度下降也會導致有些乾燥。尤其日本的冬天容易乾燥，這時又再加溫，濕度就會變得不適合豹紋守宮。這類過度乾燥的情況將會導致拒食和脫皮不全等問題，因此飼養箱內務必要設置潮濕躲避屋，並定期噴霧。當溫室內部溫度上升，可採取的因應方式諸如放置濕布，或在大容器內裝水，再以電扇等吹風。想要控制整個空間的濕度，最直截了當的方式就是使用加濕器。有些愛好者也會拿大型水槽飼養生物，以積極提升濕度，不妨摸索一下適合自己的方式。

036

2 夏

　　溫度到30℃左右都沒問題，但就筆者的經驗，到了約34℃之後，就會出現幾隻食慾不佳的個體。若想冷卻空間，用空調來管理會很方便。假使飼養場地是客廳等處，沒人在的時候，不妨讓空調持續運轉，讓冷氣溫度設在28～30℃、風速強弱設為自動。有人在的時候則要注意別開太冷。另外，開冷氣時同樣要留意濕度。假使無論如何都無法使用空調，就要打開窗戶，用循環扇等讓空氣流動。開著換氣扇也可以。而房間中的低處溫度會比高處要低，因此飼養箱要盡可能擺在低處。不過，假使採取這些措施仍會變得很熱，就請考慮使用空調等。

3 春、秋

　　要注意日夜溫差。請視情況選擇使用空調或加溫器等。從秋季入冬的期間，早晚偏涼和溫度變化可能導致豹紋守宮的食慾變差。雖然也可以就這樣自然降溫，但還是要依飼養型態和必要性來決定（參照P.77～「繁殖篇」）。

在金屬層架掛上塑膠布的溫室範例。開口在前方，照顧起來很方便

LEOPARD GECKO

Q&A

剛帶回家時該做些什麼？

Question

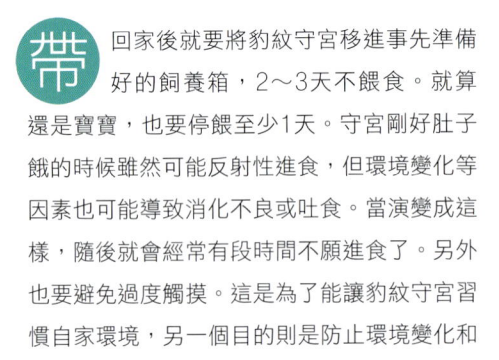

Answer

帶 回家後就要將豹紋守宮移進事先準備好的飼養箱，2～3天不餵食。就算還是寶寶，也要停餵至少1天。守宮剛好肚子餓的時候雖然可能反射性進食，但環境變化等因素也可能導致消化不良或吐食。當演變成這樣，隨後就會經常有段時間不願進食了。另外也要避免過度觸摸。這是為了能讓豹紋守宮習慣自家環境，另一個目的則是防止環境變化和運送壓力導致吐食。在移入飼養箱後，請密切觀察豹紋守宮的行動一陣子，並留意溫度和濕度等。當察覺異常就要改善飼養環境。若家裡已經有養其他個體，為了避免帶入感染症等疾病，建議新個體使用的鑷子、水盆等飼養用具都要獨立出來，先觀察情形一段時間。

飼養所需的用品和空間？

Question

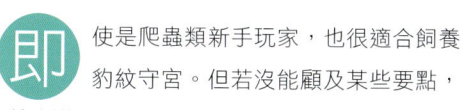

即使是爬蟲類新手玩家，也很適合飼養豹紋守宮。但若沒能顧及某些要點，就會導致牠們生病。在確定要買豹紋守宮後，就要盡量提早備齊飼養用具。

此處提到的只是最低限度的飼養用品，亦可配合自身的飼養型態逐步追加。

另外，豹紋守宮養起來相對節省空間。首先請確認是否有地方能擺放後面所會討論到的飼養箱。

Answer

▶ 最低限度的必要飼養用具

- 飼養箱
- 加溫器
- 溫度計
- 躲避屋
- 底材
- 水盆
- 裝營養品的小盆
- 鑷子
- 噴霧器

飼養箱

飼養箱必須通風良好，底面最少約需是個體全長1.5～2倍×1～1.5倍，但比這稍微窄小一些仍可飼養。成體至少約需長30×寬20cm的大小，亦可用更大的空間來造景飼養。飼養箱的高度部分，只要蓋子能蓋緊，最少約15cm就能飼養成體。不過，假如飼養箱的蓋子無法蓋緊，就防止守宮逃跑的角度而言，高度最好要有飼養個體全長的2倍左右為佳。但有時豹紋守宮會爬上躲避屋等處靈巧地逃跑，因此必須採取對策，不是高度必須留有餘裕，就是要選能蓋緊的飼養箱。

自製飼養箱也可以，但若是初次飼養，就確保透氣性、防止逃跑、便於維護等考量要點而言，還是推薦使用市售的專用飼養箱。飼養豹紋守宮雖然省空間又簡單，但拿大一點的飼養箱來養，意外地能夠觀察到牠們頻繁移動的姿態。此外，在活動會場和商家等處購買豹紋守宮，有時會裝在小杯子裡頭，這只能用來暫時保管，並不是長期飼養用的容器。

加溫器、濕溫度計

板狀加溫器比較好用。倘若飼養多隻個體，線狀製品也很方便。加溫器約需鋪滿底面積的1/3。鋪放在躲避屋正下方可能造成豹紋守宮低溫燙傷，因此要分開擺放；此外鋪在水盆下方將導致悶熱，同樣需要避免。務必要在飼養箱內設置出溫度梯度，溫度部分，低溫處約以25～28℃，高溫處約以30～32℃為標準，並要配合飼養階段加以調整。須注意要是整個飼養箱內都是高溫，會導致低溫燙傷或中暑；相反地如果太冷，則可能衍生不進食或無

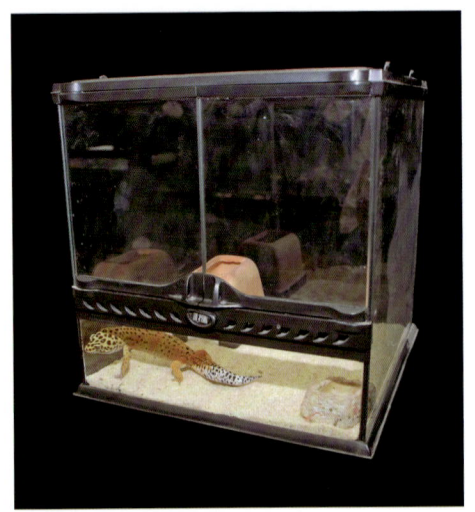

市面上有各式各樣的飼養箱，要選擇可以蓋緊的製品

板狀加溫器。要將飼養箱約1/3的底面積放在這上面使用

法消化等問題。包含豹紋守宮在內的爬蟲類，都無法藉由流汗等方式來調整體溫，因此就必須移動到不同地點予以調節。也就是說，牠們會自行決定如何調整體溫，所以飼養環境必須夠大，並要有溫度梯度，以便牠們選擇喜愛的環境。

溫濕度計的部分，日常管理上會使用放置型的產品。為求讀取正確的數據，必須裝在遠離加溫器等用具之處。如果想了解更詳細的溫度和濕度，用最高最低溫濕度計也很方便。透過Wi-Fi或藍芽，就能用智慧型手機即時確認溫濕度的產品，價格其實十分便宜。若想知道底面部分區塊的溫度，使用紅外線溫度計（紅外線測溫槍）會相當方便。

躲避屋和底材

底材的選項包括紙類（寵物尿墊、廚房紙巾）、土類（土壤、赤玉土）等。土的優點包括被誤食也容易排出、可直接澆水保持濕度等。尤其赤玉土，更可以透過色調看出濕氣含量（有水氣顏色會轉深，乾燥時顏色會變淡）；紙類清爽整潔，要更換或丟棄也都輕鬆。不過缺點則是易乾燥、可能誤食、勾到趾甲可能導致斷趾等。此外，若是細沙狀且比重較重的類型，誤食後可能較難排出。就維持濕度的角度同樣不太推薦。

底材是尤其容易被牠們誤食的物品。不擅長捕食的個體，如果直接提供活餌，沒抓到的話就可能會吃下底材。當紙類底材沾染食物氣味，守宮也可能會想去吃；而赤玉土等顆粒狀的土，就算不小心吃下一些，只要是健康個

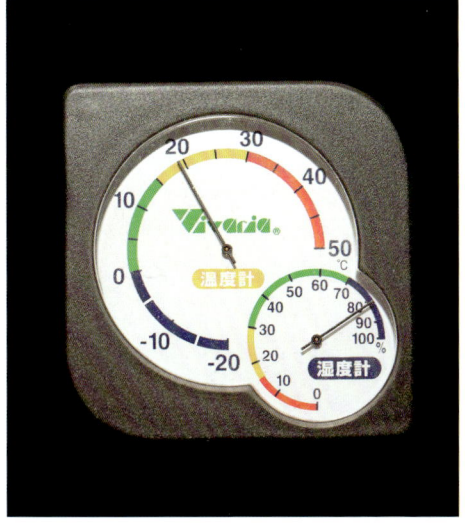

爬蟲類用溫濕度計

頂部可以盛水的素燒潮濕躲避屋

041

體且飼養箱內環境可供適度運動，就能順利排出。飼主從平時就要用心維持底材的清潔，並同時觀察糞便和腹部的狀態，採取適合個體的照顧方式。

躲避屋是能讓個體心情平穩的祕密基地，對白化系等對光敏感的品種格外重要。不需要真的很大，高度大概抓在飼養個體步行時高度的1.5～2倍，面積約為飼養個體縮成一團時的1.5～3倍為佳。此外，選擇躲避屋時也要一併考量適合何種底材。像是紙類底材容易乾掉，因此務必要考量濕度，使用潮濕躲避屋等；若使用土類底材，只要能將土弄濕，只使用乾燥躲避屋也沒問題。請全面檢視飼養環境，在選擇躲避屋和底材時，必須要能在飼養箱中打造出一部分高濕度的位置。

水盆與小盆、鑷子、營養品、噴霧器

水盆務必要常備新鮮的水。不過就算有設水盆，也不能疏於觀察個體是否有在喝水。如果不清楚喝水情況，可以先每天對著牆面噴霧一次，讓牠們舔舐水分。豹紋守宮是相較耐旱的生物，但不論何種生物都不能沒有水。如果可以確認守宮會從水盆喝水，就可以降低噴霧的頻率了。

噴霧器部分，若是飼養多隻個體，蓄壓式會比較方便。也有長噴嘴的類型，在寬敞的飼

底材使用赤玉土，可輕鬆管理濕度

養箱內相當好用。

　　小盆內要擺放營養品，讓個體依需求舔舐攝取。

　　鑷子在餵食跟打掃時都很方便，先按餵食、打掃等用途備妥數根，飼養時就能保持清潔。市面上有賣竹製和金屬製品，竹製品較不容易在個體衝過來時造成受傷，建議用於餵食等活動；金屬製品可以用熱水、消毒水等徹底清洗和消毒，拿來打掃會很方便。而出於方便清洗等考量，筆者在餵食時也是使用圓頭的金屬鑷子。金屬製品在弄碎活蟋蟀頭部時方便施力，非常好用。此外我也會用金屬夾具來打掃。像這樣一般，不妨按照自身飼養型態來選擇適合的用具。

水盆

噴霧器

裝著營養品的小盆

圓頭的金屬製鑷子

043

LEOPARD
GECKO

Q&A

飼養箱越大越好？
不能太窄小嗎？

Question

Answer

答 案視情況而異。寬闊的飼養箱可供個體從容地大步行走，面積寬敞乍看是很好的環境，但也可能對平時的照顧造成阻礙，例如「太寬敞找不到個體在哪裡」、「放置食物後不確定有沒有在吃」、「無法徹底打掃」、「較難保溫和保濕」等。要使用寬大的飼養箱，就必須先了解個體的活動情形，配置合適的造景，並留意密切觀察。

另一方面，要說窄小的飼養箱就不好嗎，其實也不至於如此。雖說窄小，只要能保有最低限度的面積（飼養篇P.39～43「飼養所需的用品和空間？」），就能擁有「打掃和保溫都簡便」、「容易餵食」、「便於確認個體狀態」等好處。這些都跟飼主的做事方式有著很大的關連，不妨先了解大飼養箱跟小飼養箱的優點，再來決定要選擇何種飼養環境。

寬闊飼養箱的飼養範例。因為要拍攝，溫度計、食物盆、水盆等物品都先拿掉了

044

飼養箱放在哪裡比較好？

Question

Answer

飼養箱要盡可能放在溫度穩定的地點。像窗邊這類有日光照射的地點容易變熱；而冬季時會極端降溫的地方也不行。空調等物品的正下方除了溫度會劇烈變化，守宮一直吹到風也可能引發脫水等情形，因此並非適當的設置位置。一般而言，屋內高處溫度較高，低處則溫度較低。亦可按季節等條件來調整擺放位置。

另外，務必要養在室內。戶外溫度變化大，還可能發生被雨水淹死、遭到有害動物襲擊等意想不到的麻煩，因此並不推薦。

045

怎樣能更快適應環境？

Question

Answer

若希望豹紋守宮等爬蟲類盡快適應，就要避免將飼養箱擺放在地面等低處。當牠們身處會被從上方俯瞰或常有腳步聲等震動的地點，都會沒辦法放鬆。擺在約與人體視線等高處，除了方便飼主觀察外，牠們也會展現出更豐富的姿態。而且只要用鑷子餵食，讓牠們學會該怎麼獲得食物之後，有時只要飼主經過飼養箱前，牠們就會願意現身。

不過，白化系等品種會對光敏感，即使調整了飼養箱的擺放位置，某些個體還是容易整天都窩在躲避屋裡不出來。

而在剛開始飼養的那段時期，個體會比較神經緊繃，就算調整了飼養箱的擺放位置也無法適應。那就先靜靜觀察，等待牠們願意露臉的那天到來吧。

飼養箱要用買的還是自行製作？

Question

Answer

答　案會依飼養目的及熟練度而異。
　　新手建議選擇專用飼養箱。這類飼養箱都會針對逃脫問題嚴加防範，透氣性跟維護性也很優異。此外許多製品的透明度都夠高，很適合飼主觀察。既然都要養了，當然建議選擇能清楚看見牠們神態和行動的飼養箱。近年市面上已有各類尺寸、形狀的製品，材質也有玻璃、塑膠等，可按用途和預算來挑選。準備好符合喜好的飼養箱吧。

　　關於豹紋守宮，經常會聽到有人說「用日本百圓商店的容器就可以養了喔」。要說行不行得通，其實是可以的。若飼主的目的是繁殖等，就常會使用廉價的飼養容器，或尋求市面上專用飼養箱所找不到的規格。或許是受此影響，就連一般飼主有時也會被推薦使用非飼養用途的容器。如果要選擇其他用途的容器，就得按需求改良，充分防範牠們逃脫，並留意透氣性等。

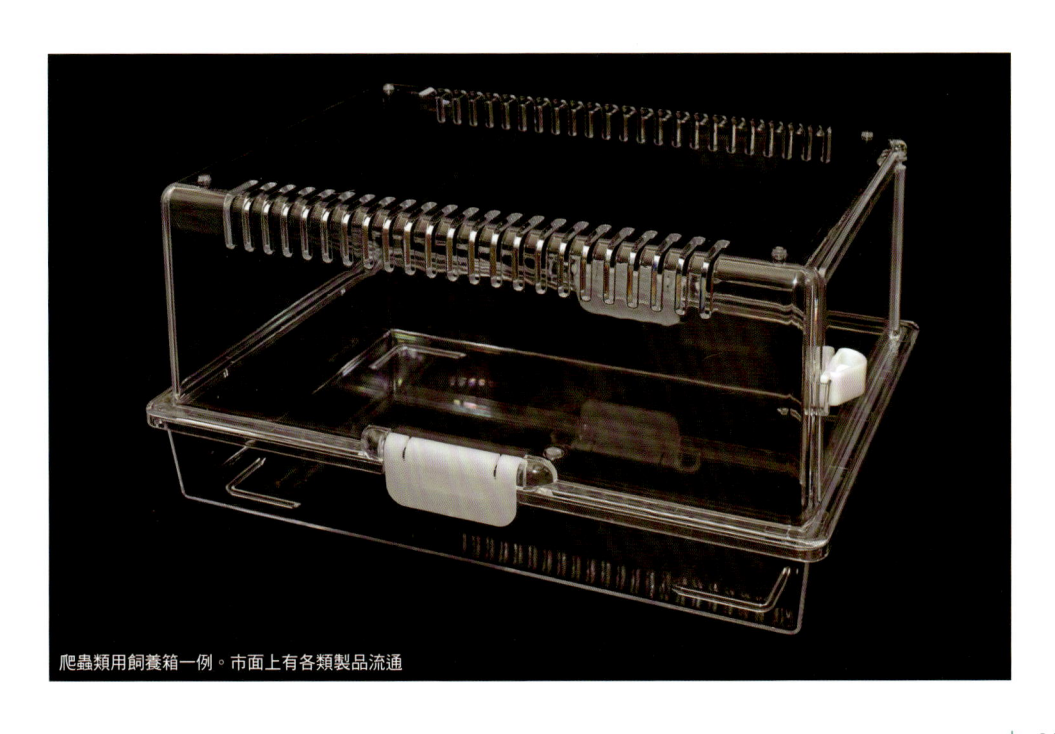

爬蟲類用飼養箱一例。市面上有各類製品流通

047

一定要有躲避屋？

Question

Answer

野生的豹紋守宮白天時會隱身在岩石下方和洞穴中，夜裡則會離開藏身處在外遊走。藏身處內的溫度和濕度都很穩定，是讓豹紋守宮待起來很舒適的空間。在飼養時則會用躲避屋來代替藏身處。設置躲避屋，也是為了讓牠們保持心情平靜。尤其剛養沒多久、需要讓個體放鬆下來等等的情況；或飼養白化系品種等對光敏感的個體時，都務必要設置躲避屋。

在商家等處常會碰到未設置躲避屋的情況，但那只是熟悉飼養的販售人員因展示販售的需求而暫時管理所呈現的狀態。就飼養的觀點而言，即使是大規模繁殖者也多會設置躲避屋，其重要程度可見一斑。

躲避屋範例

哪種保溫器具比較好？

Question

Answer

市面上有形形色色的保溫器具，請依目的選擇使用（參照飼養篇P.36～37「各季節如何維持溫度和濕度？」）。想讓空間變熱時，通常會用空調、加溫燈泡、雛鳥保溫燈、陶瓷保溫燈等器具。想加熱底面時，如果飼養較多隻個體，用線狀加溫器會很方便；數量少則是板狀加溫器較好處理。如今飼主已經可以買到各式各樣的加溫墊，但使用時必須留意溫度是否過高或過低。也可以使用紅外線測溫槍來確認溫度，或是透過排便頻率、跑到加溫器上待著的頻率等，來觀察溫度是否適合個體。

如果溫度太低，豹紋守宮就會經常跑到加溫器上，進食的頻率跟量都會降低；若溫度過高則幾乎不會跑到加溫器上，在這種狀況下，進食的頻率跟量還是可能下降。

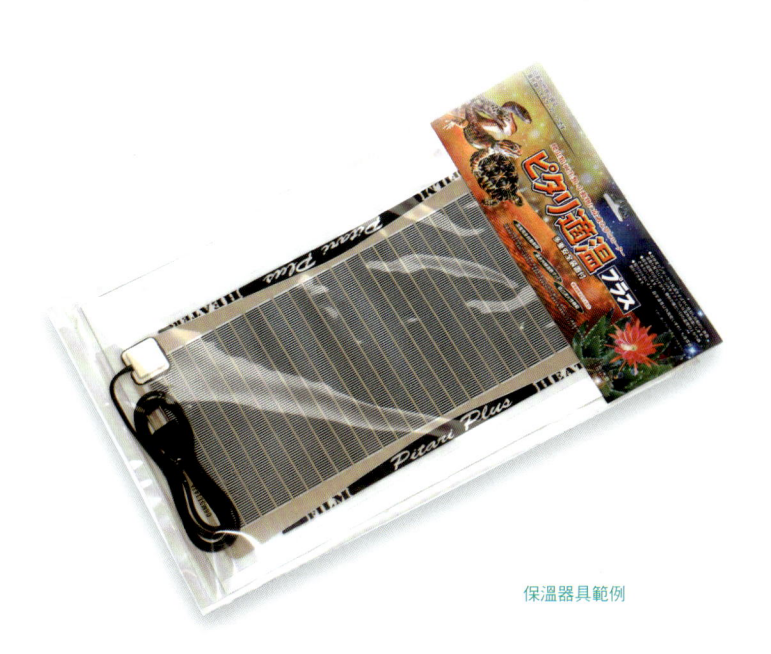

保溫器具範例

049

LEOPARD GECKO

Q&A

需要照明嗎？

Question

Answer

豹紋守宮屬於夜行性，因此幾乎所有人在飼養時都不使用燈具，認為不需要的意見占了多數。筆者也是在無燈具的狀態下培育守宮。真要說的話，對光敏感的品種很可能會因光線而產生壓力。不過還是可以透過開關燈具來創造日夜感，讓牠們培養出符合原始生態的生活節奏。

若說是否需要紫外線燈，這也如同本篇開頭所提的，並非必須。不過，戶外環境就算在夜裡也會降下微量的紫外線，豹紋守宮在吸收後可合成維生素D_3。考量到後面將會提到的要點，讓守宮照射紫外線燈沒有壞處，可以考慮使用。請選擇只會釋放極少量UVB的產品，並透過設置躲避屋或可產生陰影的物品，讓牠們自由選擇是否照射。另外，在小飼養箱內使用紫外線燈可能會因高溫引發意外，所以必須使用夠大的玻璃製飼養箱，紫外線燈也要選擇不會釋放強烈熱度的類型。

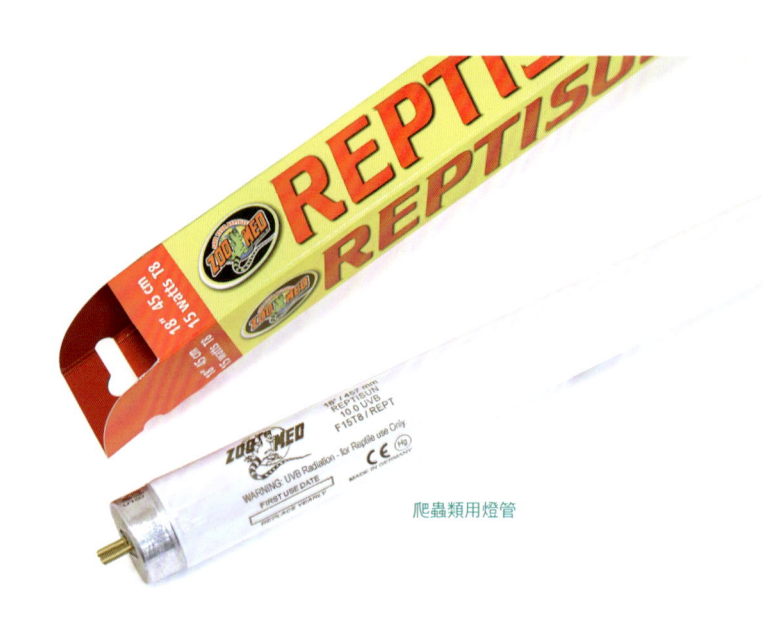

爬蟲類用燈管

需要測量器具（溫度計和濕度計）嗎？

Question

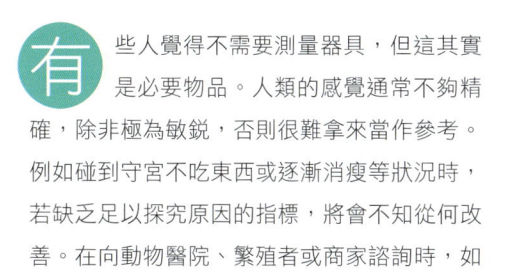

Answer

有些人覺得不需要測量器具，但這其實是必要物品。人類的感覺通常不夠精確，除非極為敏銳，否則很難拿來當作參考。例如碰到守宮不吃東西或逐漸消瘦等狀況時，若缺乏足以探究原因的指標，將會不知從何改善。在向動物醫院、繁殖者或商家諮詢時，如果不了解飼養環境的細節，也會很難獲得最合適的答案。準備測量器具也是為了讓豹紋守宮常保健康（參照飼養篇P.39～43「飼養所需的用品和空間？」）。

使用紅外線測溫槍的範例。正在測量食物盆（右）上方紅光圓點的位置

051

用哪種底材好？
寵物尿墊也OK？

Question

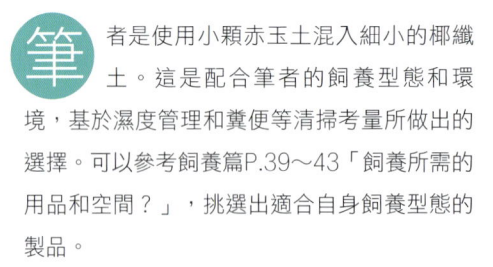

筆者是使用小顆赤玉土混入細小的椰纖土。這是配合筆者的飼養型態和環境，基於濕度管理和糞便等清掃考量所做出的選擇。可以參考飼養篇P.39～43「飼養所需的用品和空間？」，挑選出適合自身飼養型態的製品。

至於寵物尿墊，考量到個體鉤到腳趾可能導致斷趾以及濕度管理等因素，並不推薦使用。若是蛇這類排便時會排出大量水分的生物，寵物尿墊算是不差的品項，但豹紋守宮並不會排出那麼多水分。假如要從外觀整潔和維護性來選擇，考量到成本因素的話，還是以廚房紙巾等紙類底材為佳。另外，寵物尿墊所含的棉和吸水樹脂亦有誤食的風險，如果真的要用應避免剪裁。

赤玉土（小顆）混合細小椰纖土的底材

吃什麼呢？
一定要餵活餌嗎？

Question

Answer

野生豹紋守宮主要以昆蟲等節肢動物為食。有鑑於此，在飼養時也常會使用餌蟲。這些餌蟲除了活的，也買得到冷凍或乾燥的類型，大多個體都會願意吃。另外，市面上有以蟲為主原料的各類專用食品，相當容易取得。此外也有人會使用小白乳鼠等。

以下介紹每種食物的餵法和特徵。

▶ 蟲類

以蟲類為食的時候，務必要撒上鈣粉（Dusting，即撒粉）。缺乏鈣質會導致代謝性骨病（在人類身上稱佝僂病）等，令骨頭產生畸形，因此絕對不能疏忽。尤其在從寶寶開始的成長期更是必須。此外若是餵食蟋蟀類、麵包蟲、蟑螂類等雜食性活餌，則要讓這些活餌

053

食用紅蘿蔔等生蔬菜、蟋蟀專用飼料、爬蟲類用人工飼料等，補充營養和水分。這種技巧稱為餵養餌食（Gut loading，gut：內臟、load：填充）。藉由餵養餌食，可以大幅改變餌蟲所含的營養，使用活餌時建議積極執行。

　　冷凍蟲一定要解凍到常溫後再餵。請注意如果保持冰凍狀態就提供，將會對守宮的消化器官造成傷害。解凍方式包括用熱水煮、放在板狀加溫器上、常溫放置等。大家容易以為冷凍餌料可以放比較久，其實在一般家庭環境中冷凍存放，脂肪還是會逐漸氧化、劣化。要盡可能將期限訂在1個月內，久一點在3個月內就要用完。乾燥蟲也一樣要盡早用完，由於水分不夠，使用時一定要泡過水再餵。在更換成別種餌食時，亦可撒上蟋蟀粉末來幫助進食。

蟋蟀

　　這是最容易取得的餌蟲，且富含營養，多會拿來當成豹紋守宮的主食。在將活體黃斑黑蟋蟀、家蟋蟀餵給神經緊張的個體時，要先取下後腳和觸角。尤其黃斑黑蟋蟀的下顎力道強勁，個體有可能會被咬到，因此最好事先把頭弄碎。飼養豹紋守宮時，通常會用M～L尺寸的蟋蟀。

　　蟋蟀被當成餌料的歷史悠久，要進一步繁殖也相當輕鬆。但要培育還是需要一定的技巧跟環境。

撒了鈣粉的蟋蟀

黃斑黑蟋蟀

家蟋蟀

在食物盆裡加入鈣粉的範例

杜比亞蟑螂

　　杜比亞蟑螂營養充足，豹紋守宮也很願意吃，同樣會拿來當成主食。牠們雖然不太會移動，但要是鑽進底材下方，豹紋守宮可能會找不到，因此要用鑷子餵，或翻過來擺著等，讓飼養個體能夠認識這種食物。杜比亞蟑螂便於管理、長壽且尺寸多元。保持微乾燥就能管理跟繁殖，因此可輕易自行繁殖。不過，其繁殖跟成長的速度都很緩慢。

杜比亞蟑螂（成蟲）

杜比亞蟑螂（幼蟲）

櫻桃紅蟑

　　櫻桃紅蟑除了是豹紋守宮愛吃的食物之外，也含有豐富的營養，同樣會拿來當豹紋守宮的主食。不過，牠們的移動速度對豹紋守宮來說有些太快，有時還會鑽到底材下方，因此要用鑷子餵食。

　　櫻桃紅蟑易於管理，繁殖和成長速度也很不錯，但不少人都因為牠們的長相和氣味敬而遠之。要注意別讓牠們跑出來。雌性成蟲無翅，雄性有翅。雄性要說飛翔，更像是在跳躍後滑翔。牠們會產下外型狀似紅豆，裝滿了卵的卵鞘。只要將這些卵鞘收集起來，就能以極佳的效率繁殖。

櫻桃紅蟑

麵包蟲、大麥蟲

麵包蟲是在國外最熱門的餌料。不過牠們含有大量脂肪，在營養上較不均衡，且跟其他昆蟲相比，也需要飼養溫度夠高才能讓豹紋守宮消化。要留意單次的餵食量，一邊活用餵養餌食的技巧及營養品，並且須控制好飼養溫度。此外，牠們可能會鑽進底材下方，因此要放在有深度的食物盆內，或用鑷子餵食。大麥蟲的頭很硬，下顎也強而有力，因此最好將頭弄碎再餵食，且成蟲過硬，不適合當餌料。麵包蟲的話只要使用麩皮或麵包粉，就能更輕鬆地繁殖。

麵包蟲

大麥蟲

蠟蟲

蠟蟲雖受到豹紋守宮喜愛，在營養均衡方面卻不太好，碰到生病個體或不易幫助消化的環境，很多時候沒消化完就會排出。雖然大家經常會拿來試餵給拒食的個體，但蠟蟲稱不上好消化，因此要留意單次的餵食量等。牠們是「螟蛾」這種蛾的幼蟲，也稱為「蠟蚓」。若以常溫飼養，會在經過蛹的階段後變成成蟲；但以10℃左右的低溫來管理就能延遲成蛹。可以用混合了蜂蜜或麩皮等的食物來培育幼蟲，也可以繁殖。

蠟蟲

蠶寶寶

比起其他餌料，蠶寶寶缺乏營養，飼養所需的食物也比較特殊。只會拿來當豹紋守宮的點心。牠們是蠶蛾的幼蟲，無法爬上牆面，吃桑葉和專用飼料。

蠶寶寶

▶ 活蟋蟀的管理方法

我想大家應該很難在每次要餵食時就跑去買活蟋蟀。若能妥善保管,活蟋蟀是可以存放一段時間的。管理時請注意以下各點。

保持清潔狀態

蟋蟀吃得多、排得也多,容易弄髒飼養箱內部。此外也會產生脫皮殼和死屍,這些都要定期打掃清除。如果偷懶沒清,有可能因氨中毒而大量死亡或長蟎。

設置躲藏空間

飼養箱中會放入大量的蟋蟀,因此可交錯疊放紙製蛋盒、紙碗等,營造躲藏空間,並擴張底面積。也可以使用揉圓的報紙,但報紙不耐用且易髒,需要頻繁更換。

注意溫度和濕度

過於高溫潮濕容易導致不衛生,死亡率也會升高。悶熱和起霧也都不是好事,因此要避免保管在溫度劇烈變化的地點。另外冬天的低溫也會導致死亡。若是體型適合餵給豹紋守宮的蟋蟀,可用大約20～30℃偏乾燥管理。

素燒的盤子。可以拿來當餵食蟋蟀的地點等

蟋蟀存放範例

設置水盆

可以用弄濕的赤玉土或廚房紙巾等來供水。要設置材質不會滑的淺容器，不要弄濕飲水區之外的地方。外面也可買到專用的飲水器。要常保清潔。麻煩一點也可以用昆蟲果凍、昆蟲凝膠、小動物專用果凍來提供水分。地面弄濕容易引發衛生問題，要多加注意。

餵食

近年已能輕鬆買到活蟋蟀的專用食品，亦可餵食胡蘿蔔、南瓜等蔬菜、爬蟲類用乾燥食品等。素燒的碗盤較好攀爬，用來當食物盆很方便。食物弄濕了會容易腐敗，因此要跟水盆分開擺放。

不要過度密集

用塑膠箱或衣物箱當飼養箱比較方便。由於蟋蟀可能會跳出來，要使用高度足夠或是可以加蓋的類型。以下的數據僅供參考，在長約30cm、寬和高約20cm的塑膠箱內疊放蛋盒的狀態下，若是黃斑黑蟋蟀，MS～M尺寸約可容納400隻，ML以上約可容納150隻。

其他

冬季等寒冷時期，尤其若是透過網購取得，蟋蟀在寄到時可能會是假死狀態。此時不要開封，保持原本的狀態，放置室溫數小時後蟋蟀就會復活。另外，如果從高處倒下或用摔的，或許因為內臟受損的關係，常會看到大量的死亡個體。記得要溫柔地對待牠們。

▶ 人工飼料

如今已可買到各式各樣的人工飼料，類型相當多元，包括管狀、乾燥食品，甚至還有果凍狀的類型。其中尤其在使用乾燥食品的時候，請按說明書泡水膨脹，務必要讓豹紋守宮也能從食物中攝取水分。

若是愛吃人工飼料的個體，可以長期使用這類食物。不過無法保證牠們一定會一直想吃。要做好心理準備，當牠們停止食用就要餵蟲。

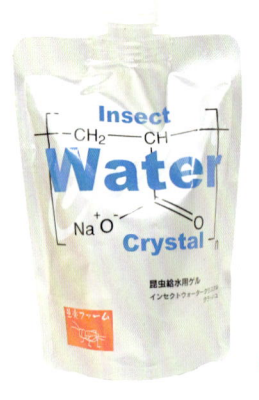

管狀人工飼料
（LEOPAGEL）

昆蟲飲水凝膠

▶ 小白乳鼠

就豹紋守宮的食物而言，小白乳鼠或許不算那麼常見。偶爾也會碰到極度討厭或不願意吃的個體。如果有在吃其他食物，就不需要勉強餵食，且不推薦當成主食。小白乳鼠的卡路里比其他餌食還要高，若要餵食，頻率和量必須低於昆蟲和人工飼料。也有些繁殖者會用小白乳鼠來降低餵食頻率，或拿給產卵中的雌性補充營養。不過，如果是把豹紋守宮當成寵物來飼養，相信不少人都會透過餵食來跟飼養個體交流。想要頻繁餵食，就請選擇其他東西來當主食。

小白乳鼠

泡過水再餵的乾燥食品（LEOPA BLEND）

豹紋守宮也會透過食物來補充水分，因此乾燥食品要先泡過水再餵（LEOPADRY）

LEOPARD GECKO
Q&A

哪種食物比較好？
Question

Answer

若從易取得程度和營養層面來看，會推薦選擇蟋蟀。活蟋蟀可以透過餵養餌食的方式補充營養，再餵給豹紋守宮。如果不方便存放活餌，以冷凍為主也可以。另一個方式是以人工飼料為主，有時候再穿插餵食蟋蟀。有種看法認為不應侷限於單一食物，而是餵食各式各樣的東西，才能解決營養不均衡的問題。亦可考量個體的營養狀態和壓力情況，設計成「除了冷凍也餵活餌」、「餵食各類型昆蟲」等。

正在鎖定蟋蟀的成體

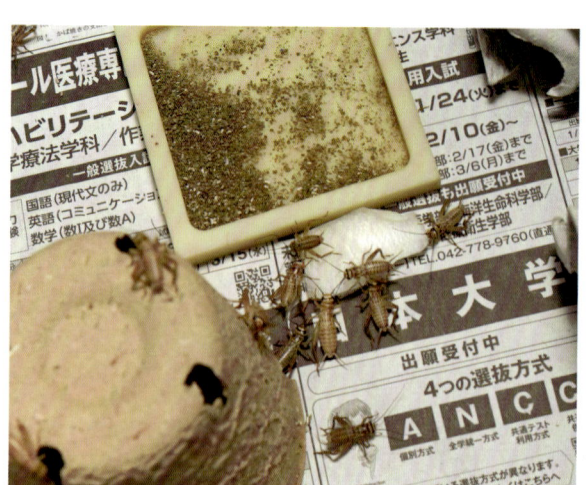

餵養餌食（蟋蟀）和水分補給

060

需要鈣粉嗎？
添加維生素D₃的產品比較好？

Question

Answer

　　鈣粉是不可或缺的營養品。這對成長期的個體和產卵中的雌性尤其重要，鈣質不足將導致骨骼變形等問題。不被身體所需要的多餘鈣質會被排出體外，因此餵食時務必要撒上鈣粉再餵。此外也推薦倒在盤中長期放置。讓產卵品質不佳的雌性舔舐常設的鈣粉，狀況可能會改善。長期放置鈣粉時，數天就要更換一次。

　　鈣粉也有添加維生素D₃的產品。維生素D₃有助於鈣質吸收，但不少人都擔心會引發維生素過多症，會跑來問我是否要每次都使用。筆者的想法是，成長期的個體可以積極使用；另外即使是成體，我也不曾聽說長期使用鈣粉的飼主碰到問題。不過請留意，上述情況的前提都是未使用紫外線燈、在添加D₃的鈣粉之外，並未另外餵食綜合維生素和專用食品等。

　　請確認個體的成長階段、商品的用法和用量來考量使用方式。

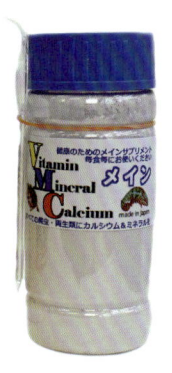

鈣粉

市面上也有除鈣質外還添加了各類礦物質的商品

061

LEOPARD
GECKO

Q&A

除了鈣粉，
還需要其他營養品嗎？

Question

Answer

營養品除了鈣粉之外，還有綜合維生素粉、綜合礦物質粉。餵法部分就跟鈣粉一樣，除了撒在食物上或長期放置在盆中，也可以混入水中提供給豹紋守宮。

綜合維生素粉可以有效補足人工飼養時容易失衡的營養。某些維生素可能會引發維生素過多症，因此請確認用法和用量再使用。另外有研究結果顯示，對蟋蟀餵養餌食，增加了胡蘿蔔素（可生成維生素A的成分）後，再將其餵給豹紋守宮，就能在守宮的肝臟中儲存充足的維生素A。維生素A是皮膚和黏膜健康的必要營養成分，若演變成缺乏症，有時可能導致眼睛出現異常。包括蟋蟀在內的餌蟲都含有各式各樣的維生素，因此就算不使用綜合維生素粉，只要透過餵養餌食、提供多元食物等，仍然可以讓豹紋守宮攝取到類型多元的營養。

綜合礦物質粉中所含的礦物質也跟維生素一樣，是撐起體內生理作用的重要營養素。而且，各類餌蟲之中也含有一定程度的礦物質。若要使用綜合礦物質粉，請按照綜合維生素粉的用法跟用量來餵。

此外，人工飼料中已經添加了許多營養素，當然也有添加了維生素和礦物質的產品。若以人工飼料為主食，就不需要綜合維生素粉跟綜合礦物質粉了。

綜合營養品

餵野生昆蟲OK嗎？
只餵人工飼料也能養嗎？

Question

Answer

不 推薦餵食野外的昆蟲。野生昆蟲會有農藥和寄生蟲等風險。相對地，在商店裡販售的蟋蟀等，則是在考量衛生等條件的狀況下培育而得。請飼主務必要使用市售的餵食用昆蟲。

我也經常被問到，能否只用人工飼料來養。要說養不養得起來，也不是不可能。不過也會有些個體「只吃生蟲」、「不吃人工飼料」。就算是愛吃人工飼料的個體，亦可能冷不防就失去興趣，因此飼養時要做好心理準備，若有需要還是得運用昆蟲。此外，豹紋守宮原本就會以各式各樣的昆蟲為食。考量到此種生態，比起只用人工飼料飼養，還是盡可能增加食物類型會比較好。

盛裝在杯中販售餌蟲，相當方便使用

透過餵養餌食來提升營養價值吧

LEOPARD GECKO
Q&A

如何餵食餌食比較好？

Question

Answer

餵食的方式有3種：

1 用鑷子餵
2 將活餌放入飼養箱內
3 擺在食物盆等處

以下將依序說明。

1 用鑷子餵

所有食物都可以用鑷子餵食。這樣做的優點是方便掌握豹紋守宮吃下的數量、獵捕食物的方式等。若是餵食冷凍蟋蟀和人工飼料等，不可以直接將食物塞到守宮的臉上。先讓食物跟其臉部保持一段距離，放在地板附近微幅震動，牠們若看到動靜就會跑過來。

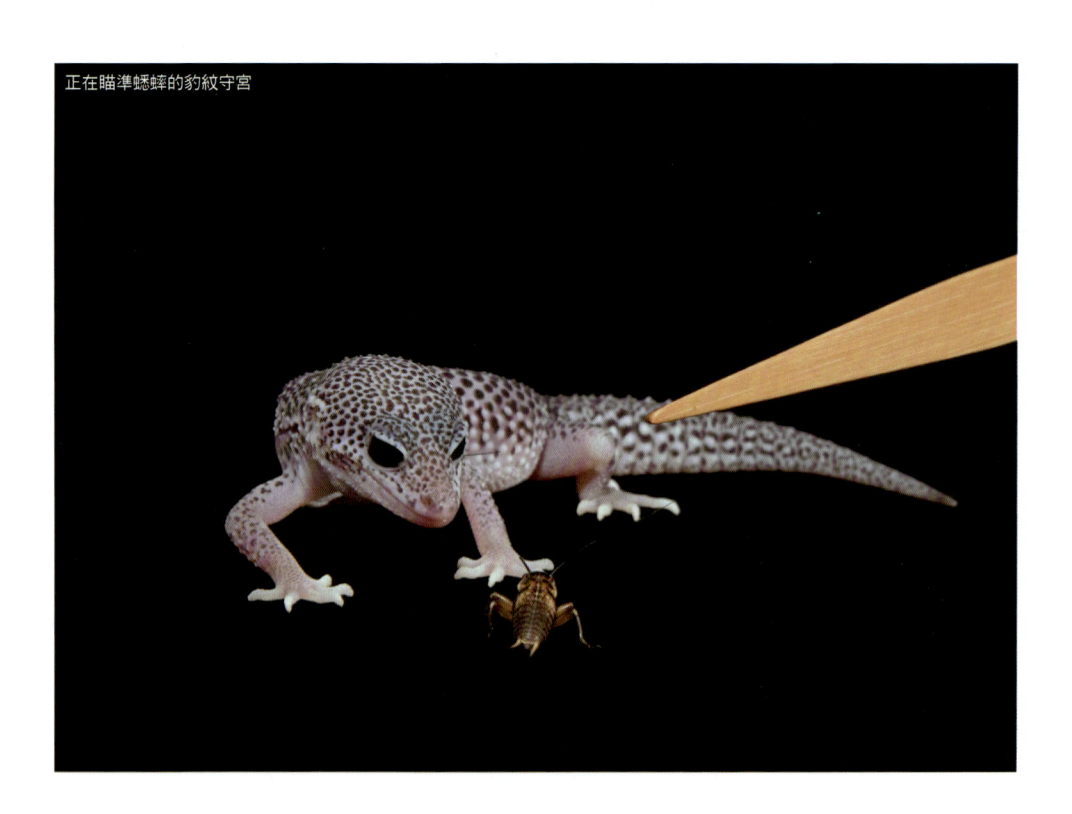

正在瞄準蟋蟀的豹紋守宮

064

2 將活餌放入飼養箱內

　　也稱為「投餌」、「放餌」。將活餌放進飼養箱內的時候，必須事先了解該餌料的特徵。由於有些昆蟲會躲起來導致抓不到，或者會啃咬飼養個體，必須好好留意。當豹紋守宮找到活餌，常會做出面對冷凍餌料等所不會展現的獵食行動。牠們會小幅度地咻咻擺動尾巴尖端，然後撲向食物，模樣煞是有趣。另外，沒吃完的餌食最晚在隔天就必須清除。若吃剩的蟲子一直在飼養箱內晃來晃去，可能導致個體食慾變差。此外也可能發生豹紋守宮被咬等意外，因此沒吃完就要拿掉。

3 擺在食物盆等處

　　也稱為「置餌」。如果個體已經適應，有時單純把冷凍蟋蟀或人工飼料擺在盤中，牠們就會自己去吃。不過，若冷凍蟋蟀或泡過水的人工飼料放了太久，在細菌滋生或水分蒸發的狀態下，就不再適合當成食物。放的隔天就要清掉吃剩下的，不可以長期置餌。

放進食物盆的餵食範例

鑽到底材（廚房紙巾）下方的大麥蟲

配合飼養個體的狀況，去除腳和觸角。蟋蟀後腳只要先捏著粗的部分（腿節）前端再朝根部施力，就能輕鬆取下

LEOPARD GECKO

Q&A

想從昆蟲換餵人工飼料該怎麼做？

Question

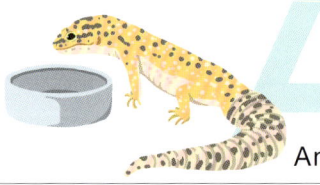

Answer

想讓以昆蟲為主食的個體願意吃人工飼料，其實不用特地做什麼，試著用鑷子夾著湊過去，意外地有不少個體都會願意品嘗。不過，某些個體在吃了幾顆之後，就會出現彷彿在說「好像被餵了奇怪東西」的反應。如果餵到某個程度，發現守宮不願意再吃了，就隔個幾天再餵就好。不必心急，讓牠們慢慢適應吧。

至於原本就對人工飼料不感興趣的個體，則有以下幾種方法：

1 在人工飼料上塗抹蟋蟀等的體液
2 將人工飼料湊向鼻尖，讓牠們舔舐
3 先讓牠們看見蟋蟀等，等牠們撲過來時，就餵人工飼料

1跟**2**是常用手法。**2**不能使用乾燥的飼料，要泡過水再使用。就算個體因氣味和外觀並不覺得那是食物，在舔到時也可能覺得「這是可以吃的東西！」而撲過來。**3**是一種欺騙的形式，在牠們瞄準蟋蟀跑過來的時候，換成人工飼料讓牠們吃。還有一種方式是在牠們大口吞著蟋蟀時，從側面讓牠們銜著人工飼料吃下去。**1**～**3**僅是首度吃下人工飼料的契機，只要吃過一次，相信就會慢慢習慣。不過，也有個體無論如何都不吃，這時就必須放棄，提供該個體願意吃的食物。再怎麼不順，都不可以做出強制餵食等行為來造成牠們的壓力。

鎖定人工飼料的豹紋守宮

必須餵養活餌嗎？

Question

Answer

這是必須的。一直讓餌蟲處於沒水沒食物的狀態，餌蟲不僅會死亡，還會變成缺乏營養的餌料。要説餌蟲所吃的食物，會直接影響到飼養個體的營養也不為過。如今蟋蟀專用食物等也已更容易取得，請務必提供食物給餌蟲吃。

在餵給豹紋守宮之前，也可以先用生鮮蔬菜等來餵養餌食。此外，要是將餌蟲保管在不衛生的環境中，也會連帶影響到飼養個體。這可能會導致細菌感染、氨中毒等，因此務必用心維持清潔，避免餵食死亡或受傷的餌蟲。

事前充分餵食餌蟲，提升營養價值。等要餵食守宮時，先撒鈣粉等再提供為佳

餵養餌食的常用食物

餵食的頻率和時間？
餵食時要把豹紋守宮
從躲避屋裡拿出來嗎？

Question

Answer

餵食頻率以飼養篇P.21～23「從寶寶到成體會有差異嗎？」所述的各成長階段為準。食物的尺寸和量也要按階段調整。此外，飼養溫度可能導致食慾不振，此時就要調降餵食頻率。當進食狀況變差時先別慌張，隔幾天再餵一次看看吧。

餵食時間的部分，如果是用鑷子餵，選在任何時候都沒問題。假如是放入活餌，只要個體已經適應，任何時候都無妨；但若還沒習慣，最好就在熄燈前餵。豹紋守宮本來就是夜行性，因此熄燈後牠們就會開始活動，出來獵捕活餌。

另外，餵食時不需要把豹紋守宮從躲避屋拿出來。要先讓牠們保持藏身的狀態，試著在躲避屋入口晃動食物。就算突然把牠們從躲避屋裡拉出來，說「吃飯囉」就把鑷子湊過去，通常牠們也會嚇到不願意吃。如果個體已經適應，就會自然而然離開躲避屋；就算不出來，也會慢慢從躲避屋裡用搶的捕捉食物回去。碰到窩在躲避屋內無法用鑷子餵食或神經兮兮的個體，就先悄悄地置餌或放餌吧。

要特別澄清的一點是，並不是說不能把豹紋守宮從躲避屋裡拿出來。躲避屋的內部也會弄髒，而如果豹紋守宮不太露臉，更可能是身體出了狀況。在餵食之外的時刻，可以適度挪動躲避屋來檢查個體健康狀況。

可以一箱養好幾隻嗎？

Question

Answer

並不推薦這樣做。豹紋守宮可能將彼此誤認成食物而造成咬傷，雄性之間也會發展出互相殘殺的衝突。若要將豹紋守宮當寵物養，請記住一箱只養一隻。在下面所列的特殊情況中可以複數飼養，但如果只是「想省空間」、「想節省器具」、「想讓牠們感情變好」等原因就最好避免，倘若飼養經驗不足，風險就會很高。

1 從寶寶到青年體左右
2 只有雌性
3 一隻雄性與數隻雌性的繁殖群

這些是特例，因此可以。如果是兩、三隻，就準備全長2倍×2倍左右的飼養箱。若是繁殖群或成對飼養的情況，再寬敞一點也無妨。記得要一隻一隻餵食，並留意牠們的健康狀態。此外，在 3 的情況下，如果雄性過分積極，雌性有可能會遍體鱗傷，這時候就必須將牠們分開。複數飼養時飼主必須多下工夫，例如用鑷子餵食等，並且要防範同居個體互咬等問題。

複數飼養範例（飼養1隻雄性、2隻雌性的繁殖群）

LEOPARD
GECKO
Q&A

不願意進食該怎麼辦？

Question

Answer

此時飼主應重新檢視，是否已經打造出飼養篇P.21～23「從寶寶到成體會有差異嗎？」中各成長階段所適合的環境。尤其濕度和溫度因素相當重要，務必要用溫度計和濕度計來確認。對寶寶到青年體來說，不僅溫度重要，濕度也同樣關鍵，必須充分留意避免過乾。此外，季節性的氣溫變化等亦是一大要因。從秋季起溫度下降，濕度也會變低。這經常會導致牠們進食意願變差。此時不需心急，請透過加濕、加溫來改善環境（參照P.36～37「各季節如何維持溫度和濕度？」）。此外，若是因季節性的環境變化導致不吃，拉開餵食間隔也沒關係。如果原本是2天餵一次，就大致調整成3～4天餵一次之類。倘若溫度、濕度等皆沒有問題，試著改變食物類型也很有效。主要吃人工飼料或冷凍餌料的個體，對於活蟋蟀可能會顯露不悅。在餵食活蟋蟀給這類個體時，就要先取下蟋蟀的後腳和觸角，頭部也要稍微弄碎。

碰到拒食（不願意吃東西）的情況，大家經常討論是否該強制餵食，但這有時會變成壓垮駱駝的最後一根稻草，導致局勢無法挽回。強制餵食真的得當成最後的手段。碰到「已經找地方改善還是不見起色」、「尾巴異常瘦削」、「糞便狀態異常」等情況，就要找獸醫師諮詢。這可能並不是飼養環境和季節所導致的拒食，而是有其他的原因。

以筆者的做法，會把當年度的寶寶養到亞成體左右約值秋季，從那時就會開始調降餵食頻率。即使再怎麼用心控制室溫和濕度，豹紋守宮似乎還是能從些微的環境變化來感知季節，食慾也會因而下降。從隔年3月左右，外頭漸有春意，食慾就會自然恢復，並順利長成健康的成體。另外如果是成體，從晚秋起就要進入降溫期，並停止餵食。

Check Point

1. 氣溫跟底面溫度
2. 濕度
3. 季節的溫度變化
4. 餵食頻率
5. 食物種類跟餵法
6. 其他

只餵一種食物OK嗎？
可以用死蟲嗎？

Question

Answer

市面上流通的許多豹紋守宮個體，在繁殖者手邊都是只吃蟋蟀長大的。不過雖說只有蟋蟀，還是會透過營養品、餵養餌食等各類手法來加強營養。如果只用單一類型的食物來管理，就要認真思考需要哪些營養素。另外有種看法認為應該要考量牠們原始的食性，盡可能增加食物的種類比較好。若是將豹紋守宮當寵物來養，準備主食跟可以當點心來餵的東西也很不錯。

管理活餌的時候雖說多少會死亡，但不可以餵食死蟲。因為這些死蟲身上會有細菌增生，並不衛生。冷凍蟋蟀也幾乎都是把活蟲急速冷凍的加工品，跟單純死掉的蟲不可拿來相提並論。

此外，有時蟋蟀等昆蟲是因為氨中毒而死亡。氨中毒致死的蟋蟀含有高濃度的氨，豹紋守宮吃下肚後也會顯現相同的中毒症狀。由於有案例因此死亡，請不要餵食死掉的昆蟲。

烏龜等爬蟲類用食品，也可拿來餵養餌食

豹紋守宮逃走（逃脫）時該怎麼辦？

Question

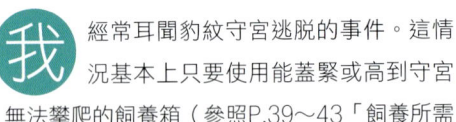

我經常耳聞豹紋守宮逃脫的事件。這情況基本上只要使用能蓋緊或高到守宮無法攀爬的飼養箱（參照P.39～43「飼養所需的用品和空間？」）就不會發生了。守宮逃脫大多是因忘記關上箱蓋，或自製飼養箱不夠完善等所引發。記得要針對問題確實因應，避免發生逃脫。除此之外，也要勤於關上飼養空間的門。

話又說回來，豹紋守宮逃跑後意外地很難找。大家可能會覺得，動作那麼遲緩的蜥蜴到底是能跑到哪裡去……？首先不要恐慌，靜下心來尋找吧。為了避免近在眼前的盲點，請先確認一下廚房紙巾等底材下方、素燒潮濕躲避屋上方的凹槽，其他飼養箱內擺設用品的間隙等處。如果這些地方都沒有，就是逃脫了。第一步要先關上能通往房間外頭的門窗。接著要將捕蟑器等具黏性的陷阱收起來，如果豹紋守宮被黏住，最糟的情況可能會死掉。

接著就請確認以下各點。

Answer

1 徹底巡視高於視線的牆壁，尤其角落
身體較輕的寶寶和青年體，可能會用爪子勾著壁紙靈巧爬上。

2 徹底檢查地板和牆壁的交界處
若豹紋守宮在地上爬行，可能會被牆壁阻擋而停在該處。

3 檢查窗簾內部
此處也可能用爪子勾著爬上去。

4 照光檢查家具下方及跟牆壁的間隙
豹紋守宮意外地能夠鑽入狹窄的空間。層架也要一層一層檢查。視個體的體型，也要檢查拉門跟牆壁的間隙。

5 檢查冰箱後面
如果冰箱離飼養箱很近，有很大的機率會跑到這邊，尤其在秋、冬、春季。大多冰箱在背面都有外露的壓縮機（形狀似電子鍋），這個部分很溫暖，因此豹紋守宮常會鑽入。

6 其他飼養活體的加溫器或燈具上方
豹紋守宮有時會在溫暖適中的地方取暖。

7 地板上可當躲避屋的其他物品內部
包包、紙袋、塑膠袋或紙箱等。

如果 **1**～**7** 都找不到，筆者會建議觀察狀況。為了等待豹紋守宮自然現身，要做到以下幾點。

a 將板狀加溫器放在地板上，並將躲避屋擺在上方

　　目標是讓豹紋守宮自然跑進去。每天早上都要確認是否有在裡頭。

b 熄燈後等一陣子再次點燈

　　試著在半夜點燈吧。牠們本來就是夜行性，說不定正在逛大街。尤其如果肚子餓了，更會積極走動尋找食物。

c 檢查是否有糞便

　　如果有糞便掉落，牠們可能就在附近。尤其如果看到柔軟的糞便、有許多糞便集中出現，不妨在附近找一找。

d 別在地板放東西

　　擺在地上的物品，可能會被牠們當成躲避屋。不過，收拾地板時必須留意，包括袋子、包包等處，牠們可能正待在意想不到的地方。

e 關上飼養空間的門

　　先假設牠們就在飼養空間的某處，勤於將門帶上。若是冬季等寒冷時期，豹紋守宮就不太會移動。

f 檢查懸掛的袋子、已開封的底材袋子、紙箱之內

　　豹紋守宮意外地能做到立體範圍活動，因此可能會爬到高處，又掉落到位於下方的袋子或箱中。

g 注意聆聽是否有搔抓聲

　　如果豹紋守宮跑到某些地方出不來，可能會搔抓角落或地板而發出聲音。

　　豹紋守宮會將營養儲存在尾巴，也很能承受斷食，因此幾乎不可能只過了幾天就死掉。假如觀察了一陣子還是沒有跑出來，另一種方式是去請教熟悉的商家或其他飼主。說不定會聽到一些超乎想像的尋回案例。另外，如果覺得豹紋守宮可能已經跑到屋外，向警方打聽遺失物也是一種手段。請保持冷靜，想著牠們的生態來尋找。而最重要的是在發生這類情事之前，從平時就要認真預防逃脫。

073

LEOPARD GECKO

Q&A

任何時候都能**觸摸**嗎？
需要泡**溫水澡**嗎？

Question

Answer

如果是照顧程度的挪動等，都沒有大礙。不過如果要上手賞玩，應避免在進食後馬上進行，以免導致個體吐食。詳情請參考P.12「可以摸嗎？能否上手賞玩？」。

飼養豹紋守宮並不需要泡溫水澡。這樣做有時反倒會造成壓力。要控制在最低限度，只在去除脫皮不全的殘留外皮、被糞便弄髒等情況才泡。

此外，用蜥蜴和陸龜泡溫水澡的方式泡在熱水裡頭，可能會導致牠們溺水。要讓豹紋守宮泡溫水澡，請拿個小盒子，放入約在人類肌膚溫度的淺淺溫水，將廚房紙巾壓至底部，再將個體放上去。只要這樣就能將脫皮處充分泡軟了。

溫水澡範例

長期不在家時
該怎麼處理？

Question

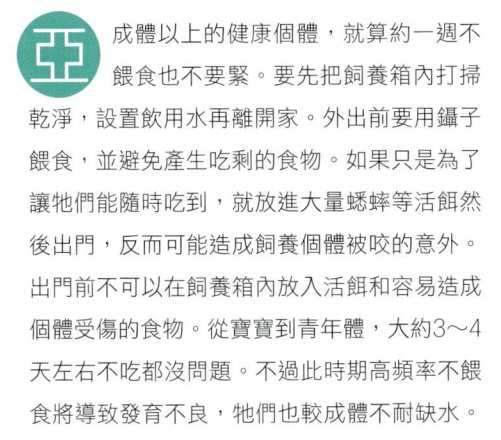

Answer

亞　成體以上的健康個體，就算約一週不餵食也不要緊。要先把飼養箱內打掃乾淨，設置飲用水再離開家。外出前要用鑷子餵食，並避免產生吃剩的食物。如果只是為了讓牠們能隨時吃到，就放進大量蟋蟀等活餌然後出門，反而可能造成飼養個體被咬的意外。出門前不可以在飼養箱內放入活餌和容易造成個體受傷的食物。從寶寶到青年體，大約3～4天左右不吃都沒問題。不過此時期高頻率不餵食將導致發育不良，牠們也較成體不耐缺水。

長期外出請飼主偶爾為之就好。如果狀況允許，可以拜託家人只幫忙餵水，或者寄放到寵物旅館。有些商家也會兼營寵物旅館，不妨事前諮詢能否寄放。

若要長時間離家，夏季高溫和冬季低溫等可能會引發問題。務必要開著空調，若能使用寵物攝影機或可連接Wi-Fi的溫度計、空調遙控器等，也會相當方便。

能連接Wi-Fi的溫度計和空調遙控器。即使人在外頭也能透過智慧型手機看到室溫，並且可操縱空調的產品

平常需要哪些照顧？

Question

Answer

豹紋守宮的日常照顧如同下述。並沒有絕對必須每天進行的事項，而是要按需求執行不同的照顧項目。

1 打掃

主要是清除糞便和吃剩食物，兩者都不會每天出現，碰到時再清即可。底材如果是廚房紙巾等紙類，就要全部換掉。若是赤玉土等土類，則是用鑷子或夾具拿掉糞便跟周圍的土，並且要定期全數更換。也請定期將整個飼養箱洗乾淨。此時盡量不要使用清潔劑等，物品水洗後要經過日晒等方式弄乾以保持清潔。

2 餵食

因應成長階段和個體狀況來決定餵食頻率（參照飼養篇P.21~23「從寶寶到成體會有差異嗎？」）。豹紋守宮在進食後為了促進消化，會移動到加溫器上方，等體溫上升又會返回躲避屋內。不妨觀察看看。

3 供水

要常設新鮮的水。就算看起來沒有髒，每1~2天還是要換水。使用噴霧器要噴向牆面，不可直噴個體。不放水盆而是每天透過噴霧器供水也是可行，但需要一定的飼養經驗。

4 確認健康

要確認糞便狀態跟走路的模樣。詳情請參照P.93~的「健康管理篇」。

適合繁殖的體型和年齡？

配對方法是？

適合繁殖的季節？

需要把卵切開嗎？

如何分辨雌雄？

不配對也會產卵嗎？

低溫飼養的期間和溫度？

產卵所需用品？

繁殖篇

Breeding 03

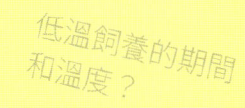

產卵會怎麼進行呢？

卵該如何保管？

該如何照顧剛孵化的寶寶？

性別是怎麼決定的？

卵裂開了

會遺傳什麼給後代？

未受精卵和受精卵的差別？

豹紋守宮大受歡迎的原因，可不只是因為牠們長相可愛。牠們炙手可熱的另一個原因，是在繁殖上相較輕鬆，可以挑戰自行打造品種等。說來要是如果沒有這層樂趣，豹紋守宮大概也不會普及到這種程度了吧。不過，繁殖對個體而言是賭上生命的行為，飼養時並不一定要以繁殖為目標。沒有計畫的繁殖，可能會將好不容易養成的個體推入死亡險境。想挑戰繁殖時必須深入評估，擬定計畫循序漸進。

適合繁殖的體型和年齡？

Question

繁殖需要使用足夠成熟的個體，雌性約在出生後1年半～2年，雄性則是至少1年。體型基準請參考成體的飼養階段（飼養篇P.21～23「從寶寶到成體會有差異嗎？」）。此外若以體重為指標，雄性大概抓在45g以上，雌性則是50g以上。不過，體重會因個體的體型而變動。我碰過好幾次說是「有100g了！」結果帶來給我看的個體卻是明顯過胖，完全不算正常體型。正常體型（參照P.28～29「挑選時該看哪裡、注意什麼？」）

Answer

建議要以全長是否達到成體的標準來判斷，亦可量體重來當輔助參考。另外，先確認卵泡是否充分發育也能提高成功率。

如果使用小隻、年輕、過胖的雌性來繁殖，可能會導致卵阻塞等問題，最糟可能死亡。此外，如果把剛買回家的個體馬上拿來繁殖，也可能會因環境變化引發意想不到的問題。先不要心急，讓個體慢慢適應環境再著手繁殖吧。

卵泡

正在確認卵泡的狀況

如何分辨雌雄？

Question

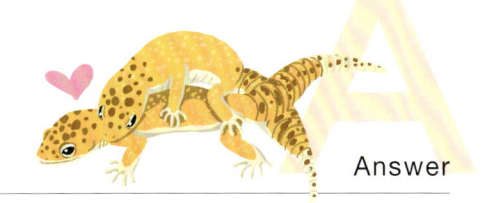

Answer

雌雄的特徵會顯現於體型及泄殖腔口周遭。從體型來看，雄性的身體比雌性大隻，並有隆起處。雌性稍微小隻一些，輪廓具圓潤感（參照P.25「雌雄性的照顧和健康狀況有差嗎？」）。在判斷性別時，泄殖腔口附近尤其關鍵。如果是已經適應的個體，可以拿起來觀察泄殖腔口一帶，否則就要把個體放在透明的杯子或塑膠盒裡從下方觀察。請參考以下的特徵。

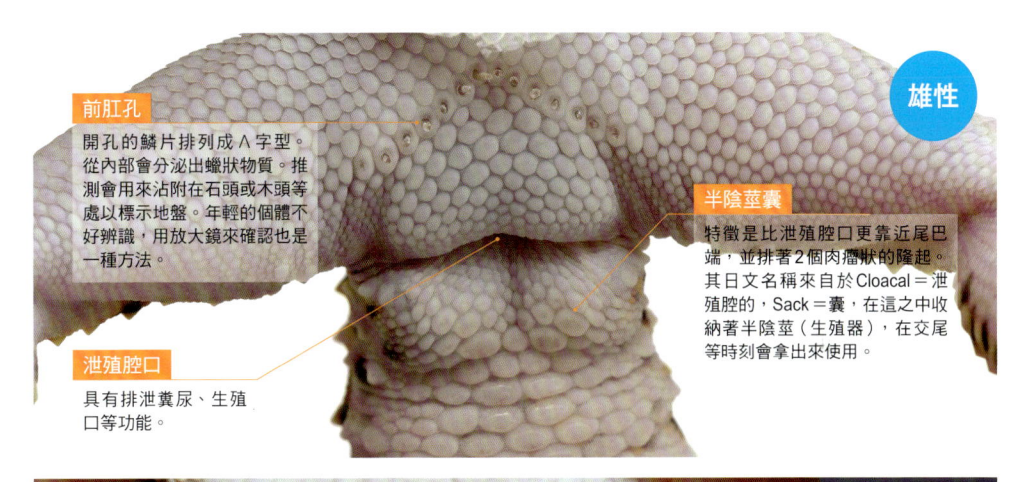

雄性

前肛孔
開孔的鱗片排列成∧字型。從內部會分泌出蠟狀物質。推測會用來沾附在石頭或木頭等處以標示地盤。年輕的個體不好辨識，用放大鏡來確認也是一種方法。

半陰莖囊
特徵是比泄殖腔口更靠近尾巴端，並排著2個肉瘤狀的隆起。其日文名稱來自於Cloacal＝泄殖腔的，Sack＝囊，在這之中收納著半陰莖（生殖器），在交尾等時刻會拿出來使用。

泄殖腔口
具有排泄糞尿、生殖口等功能。

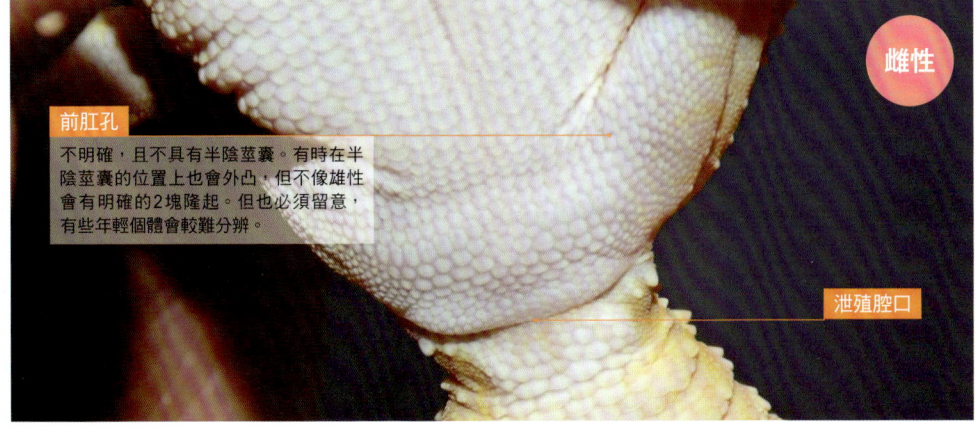

雌性

前肛孔
不明確，且不具有半陰莖囊。有時在半陰莖囊的位置上也會外凸，但不像雄性會有明確的2塊隆起。但也必須留意，有些年輕個體會較難分辨。

泄殖腔口

079

適合繁殖的季節？

Question

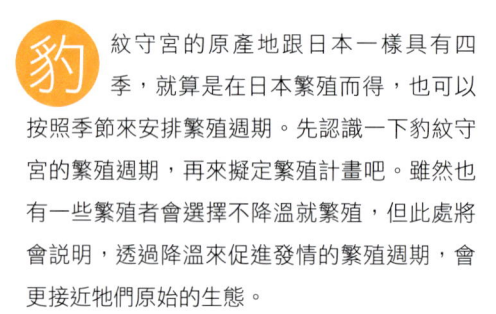

Answer

豹紋守宮的原產地跟日本一樣具有四季，就算是在日本繁殖而得，也可以按照季節來安排繁殖週期。先認識一下豹紋守宮的繁殖週期，再來擬定繁殖計畫吧。雖然也有一些繁殖者會選擇不降溫就繁殖，但此處將會說明，透過降溫來促進發情的繁殖週期，會更接近牠們原始的生態。

健康養大的親代個體，約從秋季（11月左右）就要逐步調降飼養溫度，並在冬季（12～隔年2月左右）時降溫至15～20℃左右。期間豹紋守宮幾乎不會吃東西，但必須常備飲用水，且要維持好濕度。降溫的溫度參照P.83

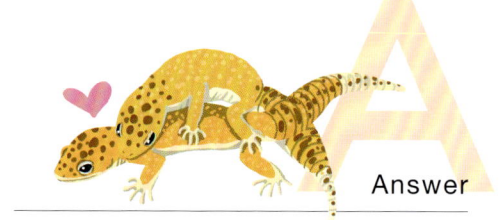

「低溫飼養的期間和溫度？也想了解注意要點」。臨近春季（3～4月左右），將飼養溫度慢慢調回來後，經歷低溫的親代個體就會發情，做好交尾的準備。雄性發情時會小幅度震動尾巴。就算面前沒有雌性，有時也能看到此種行為，因此也可以拿來當成發情的指標。

不過，降溫需要一定程度的經驗和技術。除了好好飼養，讓個體進入狀態之外，飼主也必須先累積足夠的經驗再進行。不降溫的另外一個做法則是稍微調降溫度，並停止餵食1～2週來促進發情。

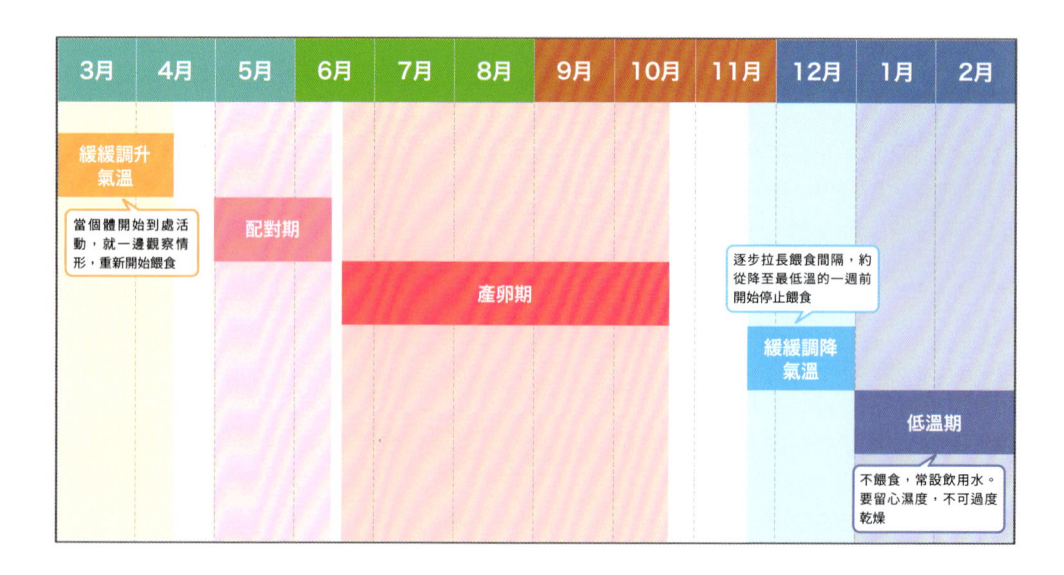

3月	4月	5月	6月	7月	8月	9月	10月	11月	12月	1月	2月

緩緩調升氣溫
當個體開始到處活動，就一邊觀察情形，重新開始餵食

配對期

產卵期

逐步拉長餵食間隔，約從降至最低溫的一週前開始停止餵食

緩緩調降氣溫

低溫期
不餵食，常設飲用水。要留心濕度，不可過度乾燥

配對方法是？
Question

Answer

將欲配對的個體放進同個飼養箱內配對，並一邊觀察情況，以防範意外或雌性拒絕等情況。空間太小會無法交尾，因此必須放進足夠寬敞的飼養箱內，擺放在昏暗處，讓個體能夠保持平靜。此外，沒有底材會因腳滑導致無法順利進行，因此就跟平常飼養時一樣需要放置底材。

將原本單獨飼養的雌雄性放在一起之後，雄性會小幅擺動尾巴，向雌性求愛。假使此時雄性進一步咬住雌性，且雌性接受，雙方的泄殖腔口彼此接觸，就達成交尾了；不過雌性也可能拒絕，或雄性對交尾並不積極，這時就先放個幾天再挑戰看看。交尾後將可觀察到雄性舔舐半陰莖，並收納進半陰莖囊的情形。另外，先讓雌雄性同居幾天也是一個方法，此時必須一邊從旁觀察，適度進行。有時雄性個體會將雌性個體的皮膚咬得遍體鱗傷，飼主必須多多留意。被咬破的皮膚基本上只要脫皮幾次自然就會痊癒。這時就要換回單獨飼養來觀察狀況。

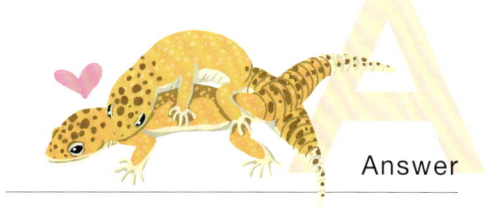

交尾場景

不配對也會產卵嗎？

Question

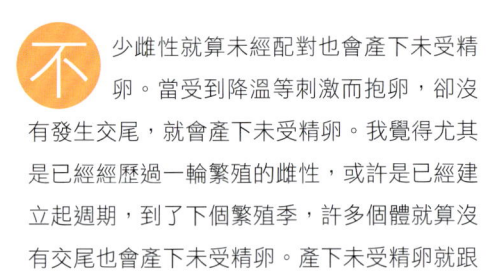

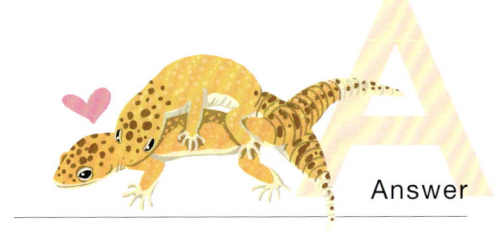

Answer

不少雌性就算未經配對也會產下未受精卵。當受到降溫等刺激而抱卵，卻沒有發生交尾，就會產下未受精卵。我覺得尤其是已經經歷過一輪繁殖的雌性，或許是已經建立起週期，到了下個繁殖季，許多個體就算沒有交尾也會產下未受精卵。產下未受精卵就跟受精卵的情形一樣，會連續產下數批（參照P.85），且通常越接近產卵時間，就越不願意吃東西。產卵會伴隨著體力消耗，因此要確實餵食。假如抱卵期間卵變得過大，而尾巴異常轉瘦，就要懷疑可能是卵阻塞，請儘早諮詢獸醫師。

受精卵（上）與未受精卵（下）。未受精卵的形狀常像被壓扁一般，就算加以保管也不會膨脹

低溫飼養的期間和溫度？
也想了解注意要點

Question

Answer

若是健康個體，設定1～2個月的低溫期也不會有問題。最少也要降溫2～3週為佳。飼養溫度約從秋季（11月左右）起緩緩調降，低溫期約以15～20℃為標準。

降溫是讓親代個體確實發情的重要關鍵。不過，為了避免低溫所隨之而來的風險，在調低飼養溫度的同時，最好也要用板狀加溫器等加熱部分地面。這個時候要將板狀加溫器鋪放在遠離躲避屋的位置，以防止個體低溫燙傷。另外，要使用乾淨的底材，不要弄得太濕。使用不衛生的底材或濕答答的土等，將會導致發炎等問題。

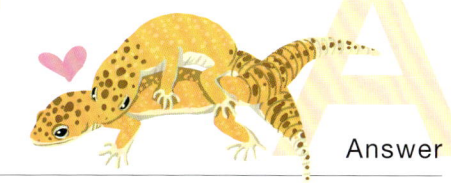

平常以高溫飼養的個體，不應突然調降溫度，而是要緩緩降低，並且更加留意健康狀況。當發生尾巴異常變瘦等問題時，就要暫停降溫，回到平時的飼養狀態。牠們有時也可能無法恢復成原本的健康狀態，因此在執行降溫之前，就要先理解相關風險。

若有充分準備，要見識到這樣的情景並不困難

083

低溫期的供水和餵食？
產卵所需用品？

Question

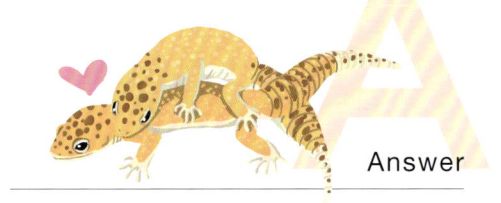

Answer

低溫期必須停止餵食，並常備新鮮飲用水。有時會碰到氣溫稍微上升就開始進食的個體，要是順應狀況而大量餵食，可能會導致消化不全或吐食。在降溫尾聲氣溫漸升的階段緩緩增加餵食量及頻率就不會有大礙，但低溫期最好還是避免餵食。

飼養箱內的濕度也要注意。過度乾燥可能導致個體異常瘦削，因此要用潮濕躲避屋等來控制濕度。

產卵前必須打造稱為產卵床的設備，並在雌性交尾後設置於飼養箱內。做法是將濕潤的土或蛭石放進保鮮盒內，讓雌性在此產卵。保鮮盒約準備邊長10～15cm，深10～15cm的尺寸，依照雌性個體的體型，也可能需要準備更大的。

另外，保鮮盒的透明度要低一些，個體會更能放鬆。

產卵床。雖然不太明顯，但在下方已經有產卵了

挖出來的卵

產卵會怎麼進行呢？

Question

Answer

雌性豹紋守宮每次會產下2顆卵，並在2～3週間重複約5次，共計約產下10顆。每次產卵稱為一批，多一點的甚至可達8～10批。另外雖然比較少見，也可能一次只產一顆卵。只要體內看起來並沒有持續殘留著一顆卵，就不會有問題。

雌性會在交尾2週～1個月後產卵。交尾一陣子過後，下腹部兩側就可見透出橢圓形的白卵，越接近產卵就越明顯。除此之外，大多個體離產卵越近就越沒食慾。等到平安產卵結束腹部就會消下去，因此必須大量餵食，為下次產卵做好準備。

另外，腹部明明有卵卻遲遲不產卵、尾巴急遽變瘦的個體，就要懷疑可能是卵阻塞。此時請盡速找獸醫師諮詢。卵阻塞與性命息息相關，記得要好好觀察。

抱卵雌性的腹部

085

卵該如何保管？

Question

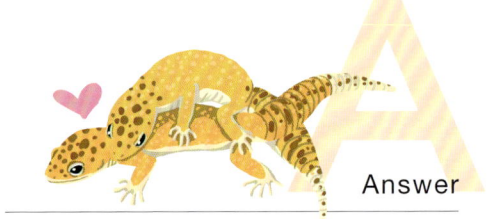

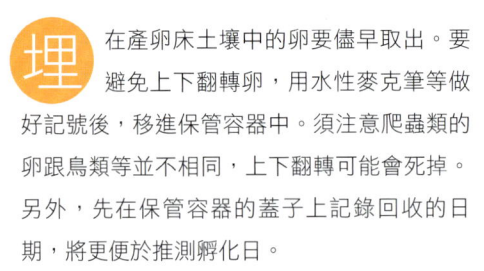

Answer

埋 在產卵床土壤中的卵要儘早取出。要避免上下翻轉卵，用水性麥克筆等做好記號後，移進保管容器中。須注意爬蟲類的卵跟鳥類等並不相同，上下翻轉可能會死掉。另外，先在保管容器的蓋子上記錄回收的日期，將更便於推測孵化日。

保管容器要先放入加水的土、蛭石等孵材。此時如果孵材濕答答的，卵就會溺死。孵材加水的程度，約以用力握緊也不會滴水為標準。如果不太知道怎麼抓，不妨活用市面上已經加好水的專用製品。

卵要盡可能保管於溫度穩定、約27～30℃的地點。須注意溫度過高或過低等情形會導致停止發育、無法孵化。孵化所需天數方面，溫度越低就越久，溫度越高則越快。26～27℃約需60～70天，30～31℃約需40～50天，數據僅供參考。

豹紋守宮的卵不同於雞隻等，覆蓋著一層薄皮般的外膜。硬殼卵要是吸收了濕度就會裂開，但像豹紋守宮這類卵卻會慢慢吸收水分，逐步膨脹變大。也因如此，濕度必須管控妥當。請注意卵在濕度不足的狀態下將會凹陷。太晚回收、已經稍微凹下的卵也有機會復活，不妨留下來照顧看看。

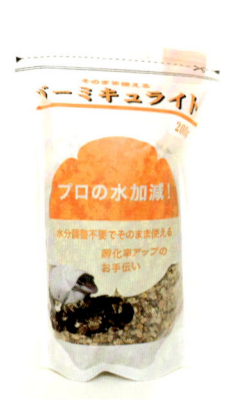

孵卵用的蛭石

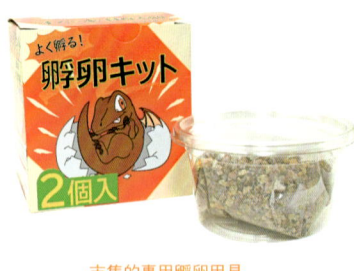

市售的專用孵卵用具

卵的保管

性別是怎麼決定的？

Question

Answer

雌 豹紋守宮的性別會因卵的管理溫度而變化。這稱為「溫度決定性別」（TSD）系統，是在鱷魚類、龜類等身上也可見到的性別決定機制。活用這項知識，就能培育出目標性別的個體。豹紋守宮的性別決定比率請參考下圖。另外，在26～30℃的環境下，溫度越接近30℃，變成雄性的比率就越高。而要完美達到這樣的溫度管控極其困難，想提升精確度，就需要運用昂貴的孵化箱（可以維持穩定溫度的機器）。假如並未運用這類機器，就算覺得已經設定成26℃了，實際在某種程度上還是雌雄兩者都可能出現。

豹紋守宮的TSD

孵卵溫度	性別
26℃	雌
30℃	雄　　雌
31～33℃	雄
34℃	雌

孵化箱範例

087

LEOPARD GECKO

Q&A

該如何照顧剛孵化的寶寶？

Question

Answer

剛 孵化的寶寶既敏感又膽小。就算已經從卵中爬出來，也要放著觀察1～2天左右，再移動到飼養箱內。從那之後的基本照護，請參考飼養篇P.21～23「從寶寶到成體會有差異嗎？」。

在餵食方面，筆者會從出生約3天後開始餵食，最初會先把弄碎頭部的S尺寸蟋蟀拿來置餌。我會刻意使用偏小的蟋蟀。粗壯的寶寶個體一出生就馬上懂得從鑷子捕捉食物，但並不是所有個體都能這樣，因此要慎重觀察、慢慢照顧。

剛孵化的幼體

卵裂開了

Question

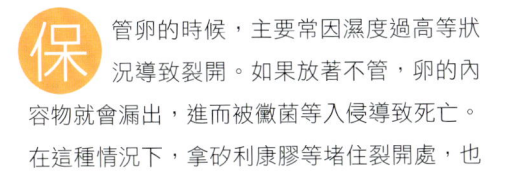

Answer

保管卵的時候，主要常因濕度過高等狀況導致裂開。如果放著不管，卵的內容物就會漏出，進而被黴菌等入侵導致死亡。在這種情況下，拿矽利康膠等堵住裂開處，也是有最後成功孵化的案例。矽利康膠要選擇未加防霉劑的魚缸用製品等。先別太快放棄，再挑戰看看吧。

修補裂開的卵（這顆卵最後有成功孵化）

未受精卵和受精卵的差別？
想了解確認胚胎發育的方法

Question

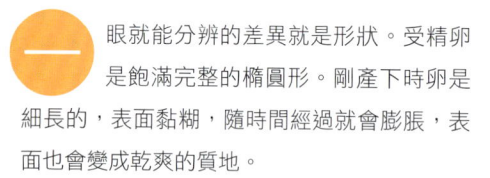

Answer

一眼就能分辨的差異就是形狀。受精卵是飽滿完整的橢圓形。剛產下時卵是細長的，表面黏糊，隨時間經過就會膨脹，表面也會變成乾爽的質地。

另一方面，未受精卵的形狀則不飽滿、像被壓過，即使時間經過也幾乎不會膨脹。不過，有些未受精卵無法光從形狀來辨認。這種時候就要先把卵保管起來，再用下述方法確認胚胎是否有發育。

將房內關暗，用筆型手電筒等對卵照光，就能確認發育的狀況。這種手法稱為「照蛋檢視（Candling）」。若手邊沒有工具，也可以用智慧型手機的手電筒代替，但不可避免地會不夠清晰，且難以操作。在日本百圓商店等處可以找到的鑰匙圈型手電筒也可以，建議還是準備筆型燈具。另外，在確認時要慎重，盡量不要動到卵。如果正在發育，就能確認到紅色的血管透出來。當接近孵化時，大概是可以看見細小血管的程度，狀態會很清透，已可從底面確認到胎兒的身影。

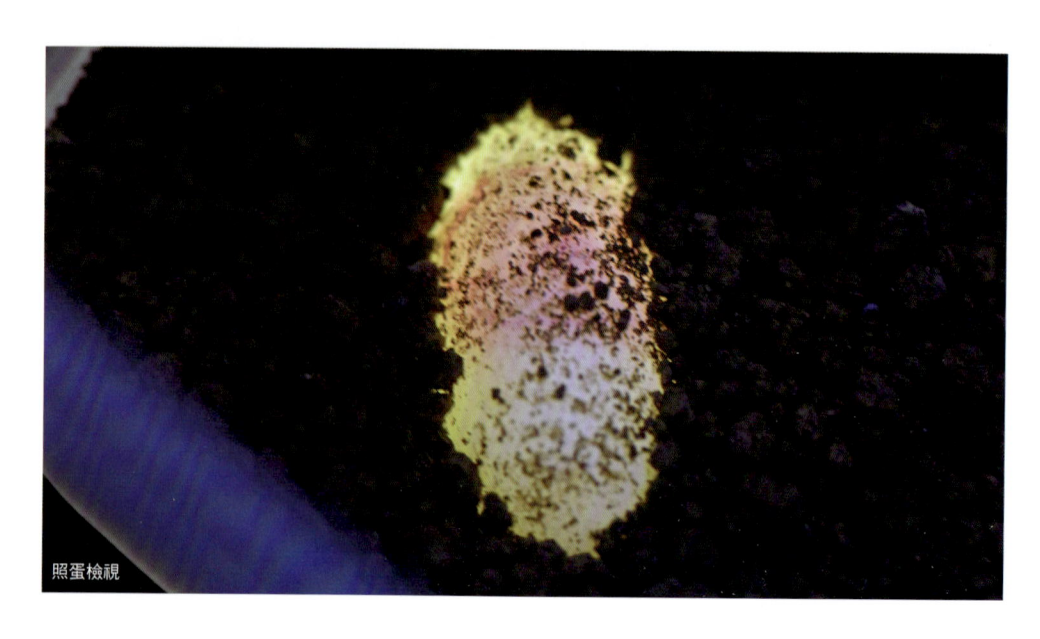

照蛋檢視

需要把卵切開嗎？

Question

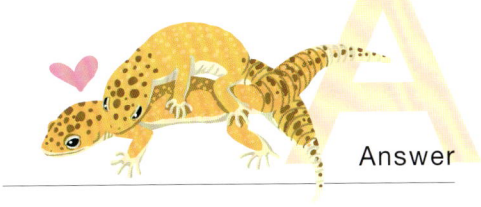

不需要。這種手法雖然會使用在蛇等等的動物身上，但豹紋守宮不切開也能順利孵化。此外，假如是不切開就無法順利孵化的寶寶，就代表本身具有如畸形、虛弱之類的問題，有可能原本就無法順利養大。

Answer

COLUMN

不挖開產卵床，該如何判斷有無產卵？

就算不把卵挖出來，某種程度上還是可以判斷。產卵後的雌性和產卵床可以見到以下特徵。等到熟悉之後，就算不碰觸個體、不挖掘產卵床也能知道。

請試著確認以下幾點。而除❶～❸的要點之外，距離交尾、上一批產卵過了多久也很重要，判斷時要將這些都納入考量。

❶腹部明顯凹下

雖然也有些個體的體型不太改變，但基本上產卵後的親代雌性因為已經將卵產出，腹部都會凹下。

❷強烈的食慾

大多個體在產卵前都會食不下嚥，產卵後則大多會展現強烈食慾。有些個體甚至會從躲避屋探出身子來尋求食物。記得要提供牠們大量的食物，為下次產卵做好準備。

❸產卵床的地面有不自然隆起

大多數情況下，產卵後的產卵床表面都會有不自然的隆起。在保鮮盒等處生產時，若內部底材深約5～6cm，大多個體都會直接一次挖到見底，產卵後再埋起。就算不是用保鮮盒，而是在素燒的潮濕躲避屋內產卵，由於都會挖到底材深處，剛產卵後會看到地面有不自然的隆起。此外若從保鮮盒和飼養箱外窺視其下方，經常也都能看見白色的卵。

會遺傳什麼給後代？
體型也會遺傳嗎？

Question

Answer

豹紋守宮有著許多品種，品種當然具有遺傳性，其遺傳型態也類型多元。不僅如此，體型也會遺傳給下一代。比如雄性親代若是頭很大的厚實體型，某種程度上也會遺傳給後代。短尾等特徵也一樣，當雙親都有相同特徵時，應該會更容易遺傳下去。有個品種因體型而被稱為「巨人」，近年經過選擇育種，已有越見大型化的趨勢。

親子（左為親，右為子）。體型很類似

平時該
確認哪些項目？

沒狀況也該做
健康檢查嗎？

請教常見的疾病
和異常狀態

判斷過胖和
減肥的方式？

半陰莖囊腫大時如何
處理？

健康管理篇
Health management 04

何謂
隱孢子蟲症？

豹紋守宮是長壽生物，活10～15年也不罕見，其中甚至有飼養超過20年的例子。本篇將會介紹日常的健康管理方式，並回答相對常見的疾病相關問題。日本市面上已出版了許多豹紋守宮的相關書籍，若想了解健康、疾病的相關詳情，請參考《豹紋守宮的健康與疾病》（暫譯，誠文堂新光社）。

出現吐食、拒食
與腹瀉

脫皮殘留時
該怎麼辦？

腹部不自然膨脹時
如何處理？

眼睛或尾巴的形狀、
骨頭有異常時？

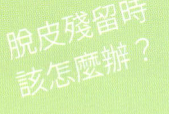

自割時
如何處理？

該怎麼帶去醫院？

半陰莖一直露在
泄殖腔口外

平時該確認哪些項目？

Question

想讓豹紋守宮常保健康，日常的照護自是當然，每天的健康檢查亦不可少。請確認下述各點。另外，若只偏重其中一項將會導致判斷失誤，健康管理重在全面確認，請盡力為之。此處所列的各項確認要點，部分內容跟飼養篇P.28~29「挑選時該看哪裡、注意什麼？」中的 1～5 點很接近。也可以先好好觀察豹紋守宮平時的正常舉動，當成迎接新個體時的參考標準。

1 走路姿態、行動

確認是否拖行著四肢移動、離開躲避屋的頻率是否太少等。若因被觸碰等受到驚嚇，狀態會跟平常不同，因此必須在牠們平靜待在飼養箱內時，進行日常觀察。有時也需要將牠們拿到手上健康檢查，好好確認細節。另外亦可經常觀察是否過胖。

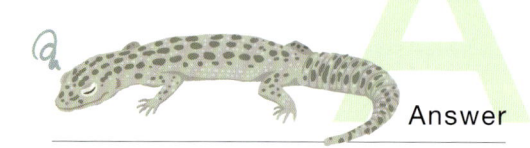

Answer

2 食慾

對食物的反應是尤其容易察覺異常的確認要點。請確認牠們對食物的反應、食物吃剩的量等。不過如果僅是幾次左右的食慾不振，經常都是因為溫度、濕度、食物種類等環境因素所致。不要感到慌張，先確認飼養環境有無疏漏，如果狀況一直持續，就要找商家或獸醫師諮詢。

3 排便、排尿

糞便、尿酸、液態尿液是顯現個體狀態極重要的指標。必須重點確認糞便形狀、尿酸顏色與尿液。

• 糞便的形狀和氣味

豹紋守宮的糞便一般呈橢圓形至圓柱狀，剛排出後是軟的，呈黑至褐色。吃人工飼料會充分消化，吃下去的東西顏色常會反映在糞便上。如果個體吃了蟋蟀，試著撥開糞便，會看到混有細小的外骨骼。另外，排出一段時間乾掉之後可能會變硬、轉為細長形。

請確認糞便是否呈腹瀉狀態、蟋蟀等是否完全沒消化就排出、味道是否比平時強烈（腐臭等）。也要看看糞便裡是否混有底材。另外

若出現白色糞便，可能是吃下蛻皮後未消化就排出。有時會碰到蠟蟲的皮保持原樣直接排出，或者排出蟑螂類、麵包蟲的大尺寸堅硬外骨骼。這類狀況可能是溫度不足所致，因此飼主可先確認一下飼養箱內及和板狀加溫器上的溫度。

- 尿酸的顏色和尿

爬蟲類在排便時會一同排出尿酸和尿。尿酸是白色或偏黃色調的塊狀物體，有時也會呈奶油狀排出。相較於牠們的糞便，尿酸乾燥後的質地會像是能碎成粉狀。而尿則是液態，色澤透明。

飼主可輕易觀察尿酸色澤是否異常。混著血液就會呈紅色或粉色，內臟出狀況也可能變成綠色。不過即使一切正常，有時也會呈粉色或紫色。如果會擔心，就要保存在冰箱等處，請獸醫師協助診斷。

4 臉（眼、鼻、口、耳）

臉（頭部）也要注意。須確認眼睛是否確實張開、是否混濁、有無充血、周遭是否下陷、有無腫脹。若眼瞼、眼球上有蛻皮殘留，牠們會頻繁舔舐或到處找地方摩擦。這可能會導致發炎等問題，因此必須儘早去除。

鼻子的部分，要確認是否被底材或分泌物塞住、是否發炎。如有異常，也有一些案例會用嘴巴呼吸，請認真觀察。

嘴巴的部分，要檢查是否頻繁張開、有無出血和瘡痂、是否腫脹等。另外若嘴巴開著，也要確認口腔是否黏糊、嘴內是否塞滿了黃色分泌物。用棉花棒等敲打嘴角，或拿薄片夾入嘴巴的縫隙等，就能讓牠們張開嘴巴，但這也會造成壓力，因此通常不必逼迫牠們張開。

耳朵的部分，蛻皮會以覆蓋於耳洞內部的方式殘留，會有些難以辨識。此外也要檢查是否有發炎等。

健康的糞便和尿酸（上：已乾燥狀態，下：剛排泄狀態）

5 尾巴和泄殖腔口

尾巴的部分請參考飼養篇P.28～29「挑選時該看哪裡、注意什麼？」的插圖來確認。如果並不是緩緩變瘦，而是突然間細得異常，就可能是個體發生了嚴重的問題。依情況必須尋求獸醫師的指示。

在泄殖腔口附近，須確認是否被糞便和底材弄髒、有無發炎等。如果是雄性，就要看看半陰莖囊是否腫脹、半陰莖是否持續外露等。若因栓塞導致半陰莖腫脹（健康管理篇P.103「半陰莖囊腫大時如何處理？」），質地多會變得比平時還硬。

6 體重

體重也是健康管理的一項指標。須確認有無異常增減、是否按成長程度增加等。這部分最好長期當成健康管理的一環來執行，而非一時性的確認項目。如果發現異常，就要與腹部是否脹起、糞便狀態是否不佳等其他的要點一同考量來找出問題所在，並且視情況向獸醫師諮詢。

量體重範例

判斷過胖和減肥的方式？

Question

Answer

豹紋守宮的肥胖標準，除了看尾巴的狀態（參照飼養篇P.28～29「挑選時該看哪裡、注意什麼？」）外，也要留意腹部和腳是否逐漸累積脂肪。如果長到成體之後還過度餵食、提供脂肪偏多的食物、豹紋守宮運動不足等，就容易導致肥胖。肥胖是萬病之源，讓腹部有症狀的疾病不易察覺，還可能會妨礙牠們產卵。因此在目標繁殖時更應心繫健康管控，維持適當的體型。

野生狀態下的豹紋守宮，體型常如下方插圖一般，以供參考。這體型雖稱不上最佳狀態，但已經由此可見，市面上幾乎所有流通個體的營養狀態都很好，或者已經太好了（肥胖）。個體一旦變胖，就跟人類一樣，沒辦法馬上變瘦。減肥的方式包括將餵食頻率改成每週1～2次、降低餵食量、改成脂肪較少的食物等。具體而言，如果原本是餵麵包蟲或小白乳鼠，就可將主食改成家蟋蟀並降低頻率等。筆者一路以來看過的長壽個體，無一不是維持著健康的體型。請讓飼養個體維持適宜的體型，與牠們長久相伴。

野生狀態下的一般體型　　　　肥胖體型

097

LEOPARD GECKO

Q&A

沒狀況也該做健康檢查嗎？

Question

Answer

近年確實有人能把豹紋守宮養到10歲、20歲，但幾乎沒聽過有在定期做健康檢查。雖說如此，但這些守宮也沒有被草率對待，而是備受珍視地飼養著。筆者有次跟加拿大的飼主聊天，他也養著一隻快16歲的豹紋守宮。比起充滿狂熱，他更像是普通的飼主，只分別養著一隻豹紋守宮跟一隻玉米蛇（20歲）而已。他也沒有讓牠們定期做健康檢查。

在爬蟲類之中，豹紋守宮是已經建立起確切飼養技術的生物。若能遵守本書和《豹紋守宮完全飼養》、《豹紋守宮的健康與疾病》（皆暫譯，誠文堂新光社）所記述的飼養方法，就算不做定期健康檢查，要長期飼養也應非難事。

但話說回來，爬蟲類的疾病預防是重中之重。等察覺到異常時，經常已是無力回天。就算沒有異樣，每年還是可以做個一次健康檢查，順便尋求健康管控上的建議。當然，只要確認到明顯的異常就要盡快看診。近年來，越來越多動物醫院會宣傳能替爬蟲類看診，但不少醫院都只是看一看，根本無法做出適當的診察和治療。很遺憾地，有些獸醫師甚至連各品種的常見疾病都不認識。對獸醫師而言，替爬蟲類看診也算比較特殊，需要比貓狗更特別的知識和經驗。不妨先向專賣店和飼主圈打聽情報，再選定要常去哪家醫院。

受到悉心飼養的長壽個體

請教常見的疾病和異常狀態

Question

Answer

本書僅介紹一部分的疾病，應對方式也較為簡單。如果想深入了解，請參考《豹紋守宮的健康與疾病》。視情況也請別只依靠書籍，而要接受獸醫師的診察。近年常有飼主會在社群媒體或網站等處採納非專業的個人意見，而做出錯誤的處置。請向專賣店、獸醫師等能夠負起責任因應的單位諮詢為上。

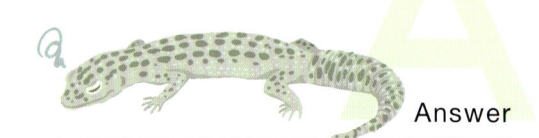

豹紋守宮所會出現的症狀，主要包括「脫皮不全」、「吐食」、「拒食」、「腹瀉」、「異常變瘦」、「半陰莖囊腫脹」、「各種眼部異常」、「體型歪斜」、「斷尾」、「誤飲誤食」、「關節腫脹」等。在P.100~107將會一一介紹。

在外傷和疾病期間用於觀察進展的擺設方式（一例）。每次照顧時都要把躲避屋和底材全部換新

099

LEOPARD GECKO
Q&A

脫皮殘留時怎麼辦？

Question

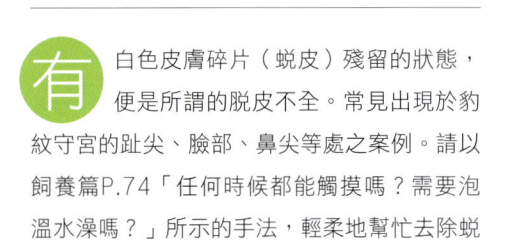

Answer

有白色皮膚碎片（蛻皮）殘留的狀態，便是所謂的脫皮不全。常見出現於豹紋守宮的趾尖、臉部、鼻尖等處之案例。請以飼養篇P.74「任何時候都能觸摸嗎？需要泡溫水澡嗎？」所示的手法，輕柔地幫忙去除蛻皮。此時使用鑷子會很方便。請注意若是飼主暴力地處置，將可能導致守宮自割。牠們有時會變成彷彿戴著兜帽或面具的滑稽樣貌，這卻是出於飼主管理疏失所導致的脫皮不全。請重新檢視飼養環境，切勿覺得這樣看起來很可愛等而竊喜。

蛻皮殘留的狀態

出現吐食、拒食與腹瀉

Question

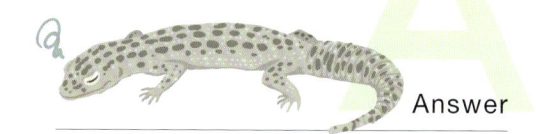

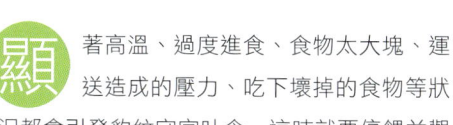

Answer

顯著高溫、過度進食、食物太大塊、運送造成的壓力、吃下壞掉的食物等狀況都會引發豹紋守宮吐食。這時就要停餵並觀察數天，重新審視餵食量和溫度等飼養條件。假如頻繁發生，糞便跟體重也出現異常，或是陷入長期拒食等狀狀，就要找獸醫師諮詢。

發生拒食的情況，請參照飼養篇P.70「不願意進食該怎麼辦？」。

腹瀉的原因有很多，包括消化器官發炎、寄生蟲或感染、溫度不足、中毒、壓力等。當個體第一次吃到軟的人工飼料，有時雖然不到腹瀉，還是會排出明顯的軟便。若懷疑飼養環境和溫度可能有問題，就要改善之後再觀察狀況。此外，就預防後述隱孢子蟲症的角度而言，有腹瀉等症狀的個體所使用的飼養器具必須跟其他個體分開，在照顧個體前後也必須好好洗手。碰到持續腹瀉或發現其他異狀，就要諮詢獸醫師。

體況不佳的時候，可以讓牠們舔舐加水揉合過的食物，或泡過水的配方飼料等好消化的東西

LEOPARD GECKO

Q&A

何謂隱孢子蟲症？

Question

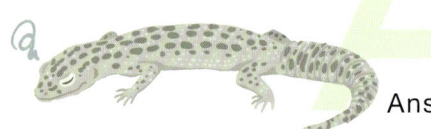

Answer

當出現腹瀉、異常變瘦等症狀時，就會提起「隱孢子蟲症」這個病名。這是由隱孢子蟲這種原生生物所引發的疾病。感染隱孢子蟲的個體除了出現腹瀉、未消化糞便、吐食等症狀外，還會轉為表現出尾巴變得異常細瘦、骨瘦如柴的狀態。感染後不會有明顯易辨別的症狀，但有時因溫度過低或產卵導致體力消耗等狀態變化，症狀就會突然顯現。感染後未出現這類症狀、乍看之下很健康的個體，就稱為帶原者。感染隱孢子蟲症的個體會透過糞便等感染其他個體，但人類肉眼看不到這種原生生物。當個體確定感染，就必須採取因應措施，包括跟其他飼養個體隔離開來、避免共用飼養相關器具和食物、勤洗手等。但若飼養到帶原個體，有時會在沒注意的情況下擴大感染。

很遺憾的是，並沒有藥物能確實驅除隱孢子蟲，要證明已經完全治癒也很困難。若繁殖者碰到患有隱孢子蟲症的個體，恐怕不得不關門大吉。飼主所能採取最好的因應方式，就是不要帶入這種疾病。在購買個體時，除了選定的個體之外，也要先確認該販售處其他個體的健康狀態，以及所售活體的衛生狀況。

照片提供●岡山理科大學獸醫學部 黑木俊郎（2張皆是）

有隱孢子蟲症的豹紋守宮

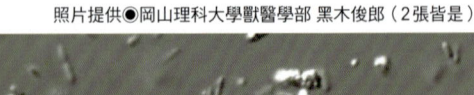

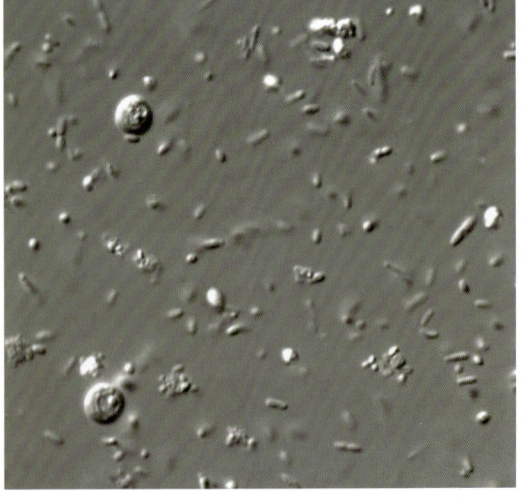

微分干涉顯微鏡照片。看起來圓圓的東西，就是隱孢子蟲的卵囊

半陰莖囊腫大時如何處理？

Question

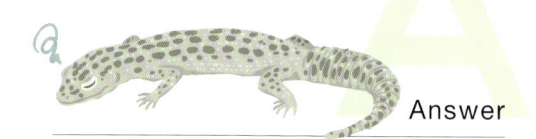

Answer

除了發炎和感染之外，也要推測可能是精莢栓塞。

栓塞發生時，原本可以排出的栓子會累積在半陰莖內變成塊狀，而無法自行排出。如果是小塊的，會有白色物體自半陰莖囊露出，可能可以自行拉出來；但如果變大塊，半陰莖囊就會膨脹變硬，無法再輕易取出。假使飼主是有豐富經驗的飼養老手、個體也相當適應的話，亦可按照去除蛻皮的要領（飼養篇P.74「任何時候都能觸摸嗎？需要泡溫水澡嗎？」）將栓子泡軟，並且擠壓半陰莖囊來排除。不過如果太強硬沒掌握好力道，除了可能導致個體自割或是對骨頭造成傷害，還可能伴隨發炎等等的問題，因此還是找獸醫師諮詢比較保險。

精莢栓塞與取出的栓子

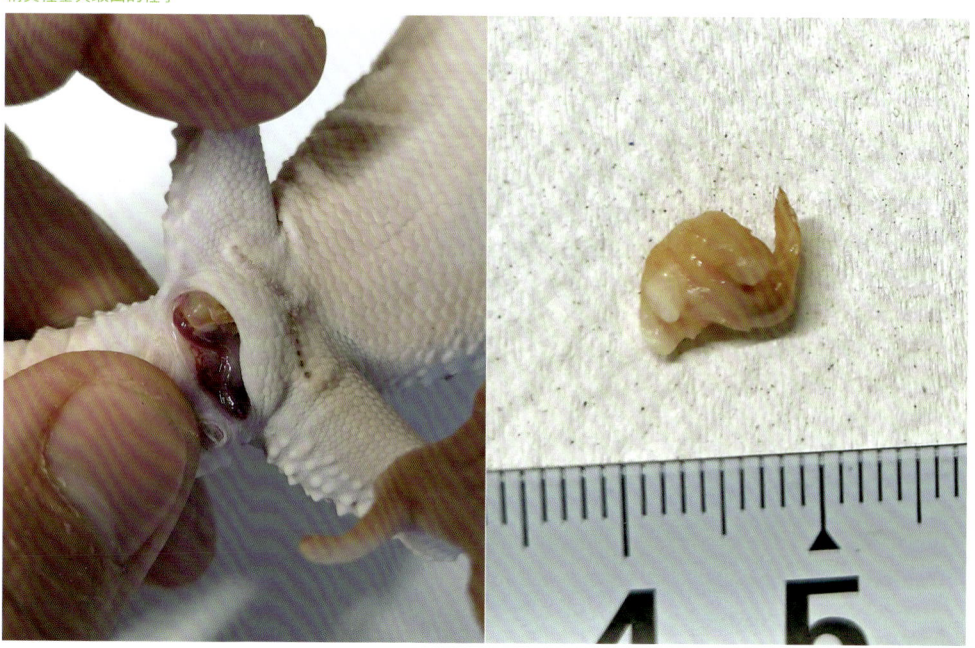

眼睛或尾巴的
形狀、骨頭有異常時？

Question

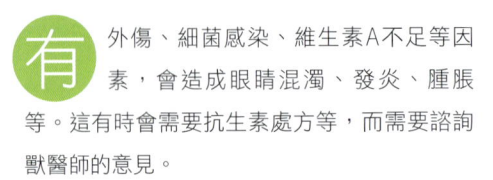

Answer

有 外傷、細菌感染、維生素A不足等因素，會造成眼睛混濁、發炎、腫脹等。這有時會需要抗生素處方等，而需要諮詢獸醫師的意見。

關於豹紋守宮尾部的彎折，假如是先天性的尾尖彎折，或是因代謝性骨病（人類稱為佝僂病）而變形的尾骨，基本上都不會再恢復正常。不過先天性的尾尖彎折假如狀況輕微，當尾巴隨著成長變粗，就會變得不那麼明顯。先天性的尾尖彎折對健康並無大礙，在飼養上不會有問題。

若是骨頭歪斜變形的情況，則可能是先天性畸形、骨折、代謝性骨病等因素。先天性畸形和代謝性骨病所導致的變形，基本上不會恢復正常。腳部發生變形的個體就會爬著走路，或以變形的腳為軸心般旋轉行走。在挑選個體時，就要留意是否有類似情形。

要防範代謝性骨病，餵食時就必須貫徹撒鈣粉等步驟。不過這也可能是內臟障礙等因素所致，若是在正常飼養時發生，就要找獸醫師諮詢。

尾尖彎折

骨頭歪斜的個體

自割時如何處理？

Question

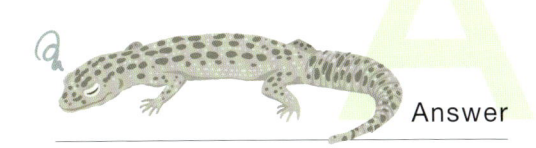

Answer

豹紋守宮自割的時候，就算沒有縫合傷口、塗藥等處置也會再生。傷口不太會出血，隨著時間經過就會換成再生尾。斷掉的尾巴會再蠕動一陣子，但沒辦法縫合回去。沾到自割截面的底材等物體會不乾淨，因此在傷口癒合之前，要暫時將底材換成廚房紙巾等。此時請注意不要過度乾燥。

以筆者的經驗，自割個體的食慾會變得異常旺盛。這是牠們處於喪失了養分儲藏庫的狀態，或許牠們也因此拚命地想長出新尾巴。此時不妨稍微提升餵食量和頻率。

斷掉的尾巴。還會再動一下子

左圖個體的3個月後。尾巴已經再生了。再生的尾巴花紋不會跟原本一樣

黑夜的再生尾。一樣是黑色的

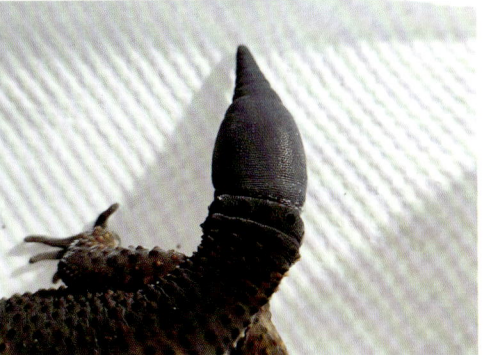

照片提供◉STAY REAL GECKO（2張皆是）

腹部不自然膨脹時如何處理？

Question

推測可能是個體吃下異物、腹壁疝氣、腹水累積等各類問題，必須向獸醫師諮詢。

若是腹部兩側可見透出橢圓形的白色物體，亦有可能是抱卵。能發展至正常產卵自然是好事，但若卵變大令腹部不斷膨脹，最後卻沒有產卵，而尾巴逐漸變瘦，接著食慾也慢慢變差，就要推測是卵阻塞。

Answer

當卵泡（卵的原型）基於某種因素沒有發展成卵，也沒被個體吸收掉，腹部同樣會變大，顯現與卵阻塞相同的症狀。這稱為卵泡滯留，比卵阻塞更難辨別。卵泡滯留和卵阻塞皆是可能致死的疾病，要儘早求助獸醫師。

抱卵雌性的腹部

半陰莖一直露在泄殖腔口外、關節腫脹

Question

Answer

若雄性有紅黑色臟器狀物體自泄殖腔口露出，就要推測是半陰莖脫垂。半陰莖是成對的，通常都只有一邊外露。如果才剛跑出來，雄性可能會透過自行舔舐收放回去。即使半陰莖在經過一段時間後乾燥了，只要按照去除蛻皮的要領（參照飼養篇P.74「任何時候都能觸摸嗎？需要泡溫水澡嗎？」）泡軟，亦可能自然復原。不過由於可能發生二次感染或壞死，假如沒有恢復原狀，就要儘早尋求獸醫師協助。

半陰莖脫垂嚴重時，甚至可能斷裂。不過只要另一邊還在，雖然成功率有可能降低，仍舊可以交尾。

若關節腫脹，從中可以看見白色塊狀物體，就要懷疑是痛風。有時將指頭放在光源前照射，也會發現白色的塊狀物體。請找獸醫師診斷及治療。

半陰莖

該怎麼帶去醫院？

Question

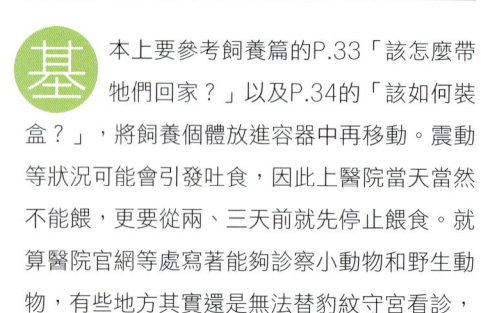

Answer

基本上要參考飼養篇的P.33「該怎麼帶牠們回家？」以及P.34的「該如何裝盒？」，將飼養個體放進容器中再移動。震動等狀況可能會引發吐食，因此上醫院當天當然不能餵，更要從兩、三天前就先停止餵食。就算醫院官網等處寫著能夠診察小動物和野生動物，有些地方其實還是無法替豹紋守宮看診，因此必須事先確認清楚。

有時未必需要糞便等樣本，直接帶著前往會顯得操之過急，若能詢問就要先確認是否需要。此外，每位獸醫師的知識跟本領也多少會有差距，從平時就要先跟其他飼主或商家打聽好情報。

品 種 篇

About Morph 05

品種是怎麼劃分的呢？

有健康問題的品種是什麼？

何謂品系？

品種的機率很難算嗎？

各品種的飼養方式有差異嗎？

系名可以自己取嗎？

白化的身體很虛弱嗎？

悖論會遺傳嗎？

豹紋守宮品種繁多，這亦是牠們大為風靡的其中一個原因。各品種都有展現特定顏色及特徵的部位，遺傳型態也不盡相同。另外，某些品種天生具有健康問題，在挑選個體時，最好要先擁有最基本程度的知識。

需要遠親繁殖嗎？

各品種的健康問題可治癒嗎？

只看照片就能知道品種？

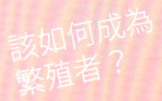

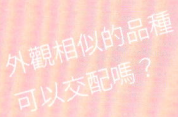

該如何成為繁殖者？

有辦法培育新品種嗎？

外觀相似的品種可以交配嗎？

不小心繁殖太多

LEOPARD GECKO

Q&A

何謂品系？

Question

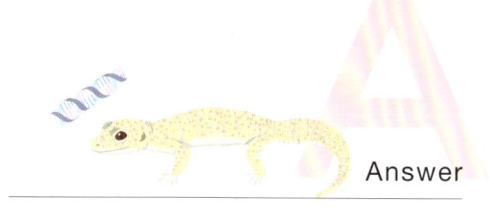

Answer

品系（Morph）是在爬蟲、兩棲類的品種改良上經常耳聞的用詞，但對初次接觸的人而言，應該是有些陌生的詞彙。簡單來說，它經常用來指品種或流通名稱。然而，品系的定義其實模糊不明，即使都是爬蟲類、兩棲類，在各類型身上的使用方法還是可能有所不同。

例如在球蟒等品種身上，隱性遺傳和顯性遺傳等只受一種基因所影響的變異（單一品系），主要都會稱為「Morph」。我想這也跟球蟒有非常多單一品系有關；另一方面在睫角守宮等品種身上，「Morph」大多不是指遺傳

豹紋守宮以具有各類品系聞名

型態，而是單純用來表示個體外觀顏色和花紋的特徵。

至於在豹紋守宮身上，品系並不只會受到單一基因的變異所影響，不少時候都是來自後續內容將會提到的「多基因遺傳（Polygenic Inheritance）」。可推測這是因為豹紋守宮的單基因遺傳變異沒那麼多，反而是多基因遺傳的品系偏多，並且多基因遺傳品系被公認已具備足夠穩定的重現度。因此，在豹紋守宮的品種改良剛開始之際，無論在日本國內外都傾向全面稱之為「Morph」。

不過，豹紋守宮由單一基因所帶來的變異也在增加，因此「Morph」一詞也像球蟒那般，漸漸有拿來指涉單一基因變異的趨勢。往後這類用詞的使用方式或許反而會成為主流。我希望讀者先理解的是，這並不是某個用詞的用法對了或錯了的問題。詞彙的使用方式，不少時候都會跟著繁殖者的想法，以及時代、狀況等因素而發生變化。先了解各品種的遺傳法則、特徵等基本特性才是首要之務。

箭毒蛙以品系眾多聞名。其品系也常用來指地區族群

球蟒的其中一種品系「莫哈維（Mojave）」

睫角守宮的其中一種品系「大麥町」

LEOPARD GECKO
Q&A

品種是怎麼劃分的呢？
Question

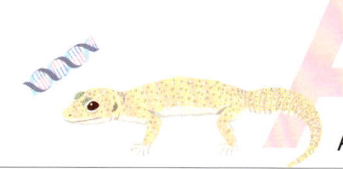

Answer

豹

紋守宮的品種，是以遺傳型態等條件來劃分。

基本品系
Base morph

所謂基本品系，是指遺傳法則明確到足以說明的顯性遺傳、共顯性遺傳及隱性遺傳品系。這些遺傳方式假定生物的性狀會受自雙親繼承的一對基因所影響，並可透過其組合來說明結果。

我會使用被稱為「龐尼特方格（Punnett square）」的表格來介紹其中各種遺傳型態。在龐尼特方格中，一般會以大寫字母來標示顯性遺傳的基因、小寫字母標示隱性遺傳的基因。另外，兩個相同基因湊成對稱為「純合子」，兩個不同基因則稱為「異合子」。在隱性遺傳上特別常會用到這個詞彙。

顯性遺傳
Dominant

若將顯性遺傳品系個體跟基本品系個體交配，有至少50％的機率會生下該品系的子代。純合子和異合子會影響特徵，但外觀基本上分不出差別。

例：謎、白黃、寶石雪花等

■寶石雪花（GN）跟原色（NN）交配

		寶石雪花親代（GN）	
		G	N
原色親代（NN）	N	GN	NN
	N	GN	NN

有50％機率會生出寶石雪花。

謎

112

白黃

寶石雪花

共顯性遺傳

Co-dominant

（不完全顯性 Incomplete Dominant）

　　假設共顯性遺傳品系的基因是S，則在擁有SN（異合子）時就會顯現特徵，SS（純合子）在外觀上則會更有變化。SS的狀態稱為超級體，若跟原色（Normal）交配，後代有100%機率會變成SN狀態並顯現特徵；而就算是SN的個體跟原色交配，子代也有50%機率會變成SN並顯現特徵。另外，在遺傳學和觀賞魚的品種改良領域中，「不完全顯性」是個廣為人知的名詞。嚴格說來「共顯性遺傳」跟「不完全顯性」並不完全相同，但在爬蟲類的領域中，則幾乎當成同義詞來使用。

例：馬克雪花、檸檬霜

■ 超級馬克雪花（SS）跟原色（NN）交配

		超級馬克雪花親代（SS）	
		S	S
原色親代（NN）	N	SN	SN
	N	SN	SN

F1（第一代）個體全都會是馬克雪花（SN）。

■ 馬克雪花（SN）跟原色（NN）交配

		馬克雪花親代（SN）	
		S	N
原色親代（NN）	N	SN	NN
	N	SN	NN

有50%機率會生出原色，以及50%機率會生出馬克雪花。

檸檬霜

超級馬克雪花

馬克雪花

隱性遺傳

Recessive

假設隱性遺傳品系的基因為a，則只在有aa（純合子）的情況下會顯現特徵。Na（異合子）個體基本上不會顯現特徵。在豹紋守宮身上，標註為「het○○」的通常是指隱性遺傳的異合子。

例：白化、日蝕、暴風雪等

■白化（aa）跟原色（NN）交配

		白化親代（aa）	
		a	a
原色親代（NN）	N	Na	Na
	N	Na	Na

從親代得出F1時，子代全部都會變成異合子（Na）。

• 從兩隻F1取得F2

若以F1交配獲得F2，有25%機率會生下純合子（aa）。另外，雖然原色跟異合子無從辨別，但此時得出的原色表現型個體之中，會有2/3是異合子。因此得出的原色表現型個體就會標記為「66% possible het白化」（有66%機率可能是異合子白化）。另外，possible het有時也會省略成ph。

■從兩隻F1得出F2

		異合子白化（Na）	
		N	a
異合子白化（Na）	N	NN	Na
	a	Na	aa

白化

暴風雪

日蝕

115

多基因遺傳品系
Polygenetic morphs

　　顏色、花紋等個體外觀的性狀稱為「表現型」。基本品系所會影響的性狀是由單一基因所控制，與此相對，複雜牽涉數個基因而影響表現型的遺傳則稱「多基因遺傳」，其性狀稱為「多基因遺傳性狀」（量的性狀）。大略說來這就是「子代跟親代很相似」的遺傳，因此透過篩選交配、品系配種就能讓特徵變得更為顯著，並提升世代傳承時的重現度。等重現度提升到足以稱為品種後，就會稱為多基因遺傳品系。

　　另外，在單一個體上可見的多基因遺傳性狀名稱，跟已經精確到能被稱為多基因遺傳品系的稱呼基本上不會有變，有時光看個體或名稱，會分不太清楚是哪一種。以「橘化」為例，這個稱呼是指隨機產生紅色的多基因遺傳性狀，但透過選擇育種來提升遺傳性和特徵的多基因遺傳品系，同樣也泛稱為橘化。

系名

　　多基因遺傳品系大多會取「系名（血系名）」。這是育成者用於識別系統或當成商品所創造的稱呼，例如若透過品系配種獲得橘化表現型的個體，育成者就會加上「血」、「原子」等系名。為此，若將冠上系名的個體跟其他系統混合，配出了繼承原特徵的個體，按理不應冠上原名稱。

　　舉例而言，碳系跟黑夜系交配而得的個體，就屬於人稱「黑化」的多基因遺傳品系，而不會稱為碳黑夜。此外，基本品系與多基因遺傳品系搭配的時候也是一樣，將血系跟日蝕搭配時，同樣不應稱血日蝕，而是稱橘化日蝕更為適宜。如果經過許多世代的品系配種，目標的表現型已經穩定下來，那麼就可以自行取一個系名了。

　　不過，名稱的定義常會變化調整。例如。JMG Reptile公司所育成的「日焰」原本曾是系名的稱呼，近年則常被用作一種表現型的稱呼。之所以會像這樣在定義認知上產生變化，原因諸如該系統已經相當廣為流通、冠上該系

橘化

名的個體大量流通等。例如「黑夜～」、「土匪～」、「翡翠～」皆在此列。這些名稱都是用來彰顯該系統的特徵，或證明含有該系統的元素。名稱的取法只是繁殖者和商家的一種思維，因此這類名稱即使不是原創的系統，也會拿來普遍使用。另外有時還會以「～cross」的形式來補充資訊，表示個體混有某系統。名稱的叫法並沒有絕對準則，但在打算繁殖時，理想上還是得正確理解某一名稱所指為何，並要能明確說明血緣及使用該稱呼的緣由。

血

原子

日焰

土匪細直線

翡翠雷達

柑橘cross土匪

複合品系

Combo morphse

所謂複合品系（組合品系）是指由不只一種品系結合而成，包括單純由基本品系結合而成的複合品系、含有多基因遺傳品系的多基因複合品系，以至於透過品系配種所育成的選育複合品系等。

由基本品系結合而得的複合品系，大多會由初期育成的繁殖者自行取名。例如，貝爾白化日蝕就稱為「雷達」。

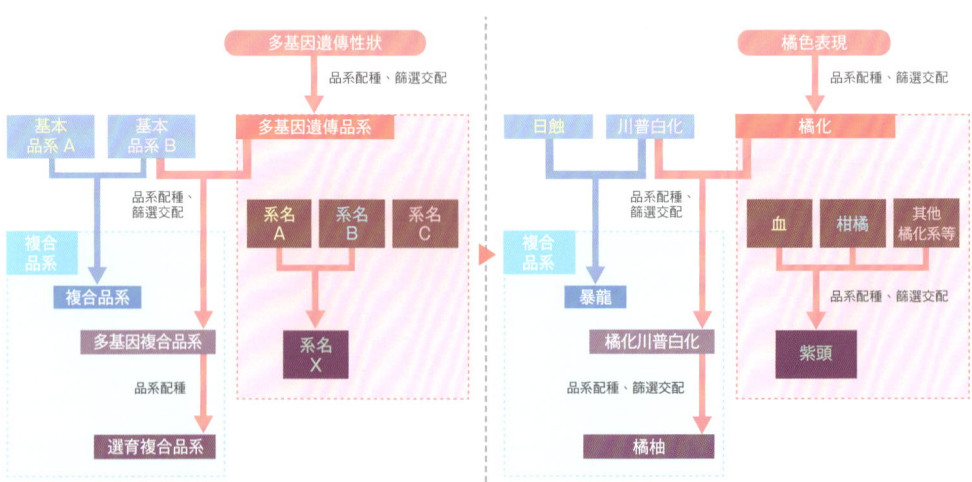

雷達（貝爾白化日蝕）

（左）此圖簡化了品種的區分。其實所有品種培育都沒這麼簡單，通常是由多次複雜的配種工程和區分所得出。品種的育成絕非易事。
（右）將品種名稱粗略套進左圖。

野生型

Wild Type

　　所謂野生型，是指相較於以華麗色澤或以變異為目標的品種改良個體，保留了更多豹紋守宮原始姿態的個體。這包括著幾種類型，目前市面上流通的大多都會按類型加上亞種名稱。不過，豹紋守宮的亞種分類有許多模糊地帶，因此建議還是將牠們想成冠上了亞種名的某一類型為佳。另外，每種類型在幼體時基本上都是在奶油底色上排列著黑色帶狀條紋，隨著成長身上才會出現豹紋守宮名稱由來的黑色斑點。

　　近來因原產國政治情勢不穩等因素，市面上幾乎已經找不到豹紋守宮的野生捕捉個體。目前流通的豹紋守宮，一般都是經過品種改良的個體。因此，在尚有野生捕捉個體流通的最初，野生型曾被當成「原色（Normal）」來交易；如今則因身為「自古維持至今之野生個體所生下的子代」，價值受到廣泛認可，所以不再以「原色」，而是以「野生型」之名流通。除此之外，有時亦會稱之為野生血統（Wild Bloodline）、純血（Pureblood）或野生血系（Wild Strain）等。

　　另外，由於野生型並不具有其他品種的基因，在需要獲得純種的異合子個體時，或在遺傳檢驗時都會使用到牠們。目前市面上所謂的原色和高黃，大致上都帶有某些其他品種的基因，並不適合用於遺傳檢驗。遺傳檢驗時必須以不具有其他品種的基因為優先，市面上也存在著混有不同野生型基因的個體等。

野生型

野生

119

LEOPARD GECKO

Q&A

品種的機率很難算嗎？

Question

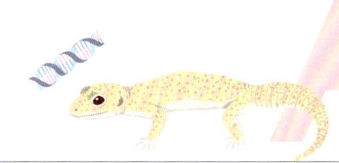

Answer

基本品系彼此交配時，某種程度上可以計算「A跟B交配，有多少％可能會生出AB呢？」不過，當牽涉其中的品系越多，計算起來就越困難。近年來已經有網站和手機應用程式能夠瞬間算出結果，不妨因應需求使用。

不過這套機率論的前提，是要能徹底管控住異合子等因素。實際情況則是，市面上並沒有那麼多完美管控異合子的流通個體，因此繁殖後常會生下超出預期的個體。此外，這不過是「有幾％機率」的問題，因此如果運氣不好，機率再高也可能生不出來；運氣夠好，就算機率低也能生到。在實際掌握遺傳型態、機率及流通狀況的情況下，不要過度執著，帶著「竟然能碰上這種驚喜」、「完成了今年的目標」等等的心態來享受，或許就是能夠持續育種的祕訣所在。而若想簡單計算，也可透過P.112介紹過的龐尼特方格來求機率。常規的機率請參考下圖。

【隱性遺傳A異合子彼此交配】

子代	機率（%）
隱性遺傳A純合子	25
隱性遺傳A異合子	50
原色	25

【隱性遺傳A異合子與原色交配】

子代	機率（%）
隱性遺傳A異合子	50
原色	50

【隱性遺傳A純合子與原色交配】

子代	機率（%）
隱性遺傳A異合子	100

【共顯性遺傳A異合子彼此交配】

子代	機率（%）
共顯性遺傳A超級體	25
共顯性遺傳A異合子	50
原色	25

【共顯性遺傳A異合子與原色交配】

子代	機率（%）
共顯性遺傳A異合子	50
原色	50

【共顯性遺傳A超級體與原色交配】

子代	機率（%）
共顯性遺傳A異合子	100

【顯性遺傳A彼此交配】

子代	機率（%）
顯性遺傳A純合子	25
顯性遺傳A異合子	50
原色	25

【隱性遺傳A與B的雙異合子彼此交配】

子代	機率（%）
隱性遺傳A、B純合子	6.3
隱性遺傳A純合子、顯性遺傳B異合子	12.5
隱性遺傳A純合子	6.3
隱性遺傳B純合子、顯性遺傳A異合子	12.5
顯性遺傳A、B的雙異合子	25
顯性遺傳A異合子	12.5
隱性遺傳B純合子	6.3
顯性遺傳B異合子	12.5
原色	6.3

系名可以自己取嗎？

Question

Answer

豹紋守宮的系名並沒有嚴謹的取名規範，但若目的是販售等，假使重現度也不是很高，卻一個勁地主張某種名稱，實在稱不上是童叟無欺。舉例而言，就算因為偶然得出一隻有著特殊顏色的個體，就拿牠當範本，取了煞有其事的系名，假如其子代並沒有出現這種顏色，那這個名稱就僅僅是該隻個體的名字罷了。等到能夠跨越數個世代，有著一定的重現度和特色後，去取系名才有意義。

有些繁殖者會在這類打造過程中，將之稱為「○○計畫」。

王冠G計畫
彩虹斑紋

LEOPARD GECKO
Q&A

各品種的
飼養方式有差異嗎？

Question

Answer

部分品種不僅是外觀，就連行動和視力等面向也會受到影響，因此必須視情況改變飼養方式。尤其謎和白黃，便以稱為「謎病（Enigma sydrome）」的神經症狀和虛弱體質聞名，病重的個體可能無法憑一己之力捕捉活餌，因此需要用鑷子餵食。超級馬克雪花和日蝕這類以眼睛為特色的品種也會出現弱視個體；慾望黑眼的多數成體大多從最初就無法視物。不論哪種狀況都必須持續觀察飼養個體的狀態，用鑷子餵食。

白化系的品種，有些個體對光敏感，因此躲避屋絕不可少。此外在白化系、前述以眼睛為特色的品種、謎和白黃的複合品種身上，其自身的特徵都容易變得顯著，因此必須配合個體加以因應。

謎

白黃

白化＋超級雪花＋日蝕這類的複合個體，經常對光尤其敏感

122

白化的身體很虛弱嗎？

Question

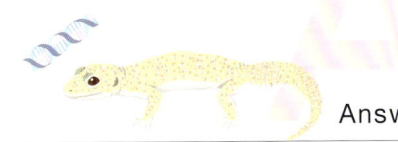

Answer

有些人或許會有「白化」都很「虛弱」的印象，但豹紋守宮的純白化個體幾乎都不虛弱，跟原色一樣好養。不少與眼睛特色品種結合而得的複合個體在明亮處都會無法睜眼，但大多稱不上虛弱。

很多純白化個體也都能張眼。若是跟白黃、謎交配所得出，有時會出現虛弱的個體，但這與其說跟純白化有關，不如說是白黃和謎所造成的影響。

川普白化

貝爾白化

雨水白化

川普、貝爾、雨水的體質都不會差到影響飼養難度

LEOPARD GECKO
Q&A

有健康問題的品種是什麼？

Question

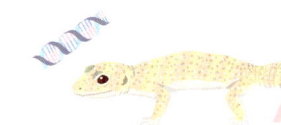

Answer

前面P.122「各品種的飼養方式有差異嗎？」所介紹到的品種，雖說在健康上有一些狀況，但只要透過飼主簡單的餵食輔助就能因應，幾乎不會導致豹紋守宮喪命。但像是檸檬霜這種，則是可能有生命疑慮的品種。檸檬霜有高機率會罹患惡性腫瘤。這跟檸檬霜本身的基因息息相關，目前未有完善的抑制方法，倘若演變成重症，亦可發生腫瘤破裂、進食困難等情況。此外，超級檸檬霜也很常碰到畸形或眼睛睜不開的個體，大多都是短命而終。

雪花檸檬霜

最好別飼養或繁殖白黃、謎、檸檬霜、慾望黑眼？

Question

Answer

目前日本並沒有依法處罰相關繁殖活動的案例。不過，這些品種在某些國家是禁止繁殖的。尤其謎、檸檬霜、慾望黑眼的疾病是源於其品種基因，且被公認難以排除。換言之，繁殖這些品種就等同於刻意孕育與「健康」相距甚遠的個體。也因為這樣，近年不僅日本，在全球多處都對繁殖謎、檸檬霜、慾望黑眼等品種敬而遠之。

另一方面，已知白黃的病症可透過選擇育種的技術來避免。因此，我會認為白黃相較於前述3個品種更有未來。現為繁殖者等賣家或目標成為他們一員的人，請務必真誠面對這層問題，並須盡責向潛在買家說明清楚。

飼養這些品種本身並不算是壞事。不過若要購買並且長期相處，擁有正確的知識就相當重要。請不要無情對待目前手邊擁有的這些品種，而要持續認識他們各自的特性，珍惜地飼養下去。

白黃。也有說法認為牠們短期內不會發病

各品種的健康問題可治癒嗎？

Question

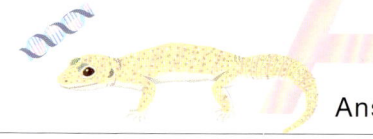

Answer

基本上豹紋守宮因品種而來的健康問題不會在後天痊癒。

白黃、謎、檸檬霜、慾望黑眼都是一樣。未生病的謎個體有時會因繁殖和環境變化而發病，但有著類似症狀的白黃，則是被公認不會在後天發病。

COLUMN

豹紋守宮可以跟其他守宮雜交嗎？

已確認有部分可以雜交。較有可能與豹紋守宮雜交的，在守宮亞科下的類群中，豹紋守宮所屬的亞洲守宮屬（*Eublepharis*）即是一例。其中尤以與伊朗豹紋守宮的雜交為人所知，過去有段時間曾有美國繁殖者投入育種，但如今已經找不到了。據說這種雜交個體，有的會比純種豹紋守宮還要大型。

另外，豹紋守宮的其中一個品種「巨人」，在經過DNA調查後，已經證明屬於純種的豹紋守宮。

還有，土庫曼豹紋守宮經常來歷不清，在日本市面上流通的個體中，也會碰到懷疑是跟豹紋守宮雜交所生的個體。不僅如此，豹紋守宮的亞種更是容易相互雜交，少有真正純種，光從外觀上應該非常難以判斷。

就罕見一點的例子而言，豹紋守宮亦能跟東印度豹紋守宮或大王守宮雜交，跟不同屬的肥尾守宮似乎也可雜交。

需要遠親繁殖嗎？

Question

Answer

篩 選交配、品系配種這類的近親交配稱為近親繁殖（Inbreeding），與此相對，遠親繁殖（Outbreeding）則是指跟不同系統的交配。由於反覆近親繁殖會更容易生出虛弱或畸形個體，為了改善這個情況，就會執行遠親繁殖。這項技術在馬、狗、賽鴿等動物身上也很知名。在因興趣繁殖爬蟲類的圈子裡，碰到懷疑是因近親繁殖所產生的某些缺陷，有時也會說是因為「血太濃」。

在豹紋守宮身上，並沒有嚴謹的近親、遠親繁殖規則。豹紋守宮被認為是對近親繁殖極具耐受性的爬蟲類物種。但是像黑夜這類經過長期近親繁殖而得的血統，常會出現矮小化、發育不良、繁殖能力弱化、死胎（幼體在孵化前未能破殼，直接胎死蛋中）等情況。

筆者的看法是，在擁有近親繁殖系統的基礎上，也應該進行遠親繁殖。實際上我就曾有過這樣的經驗——將黑夜拿來遠親繁殖，最後在成長速度和體型都獲得改善，色調方面也在到了F3時獲得全黑。若想育成兼具外觀表現與健康的豹紋守宮，同樣也需要遠親繁殖。在這樣搭配的情況下，生下的個體就該標為「黑夜cross」或「黑化」，而非「黑夜」，以免產生誤解。

另外，野生型在遠親繁殖時經常受到矚目。並未混入基本品系基因的這一點，讓牠們成了相當優秀的候選人。不過若將多基因遺傳品系拿來跟野生型搭配，其長期累積的外觀表現將會回歸相當古早的狀態。考量到歷代期間等因素，使用實際上沒有血緣關係或血緣稀薄、異合子資訊明確、有著相近表現的個體或血統，也是一種手段。

黑夜跟碳的交配個體

LEOPARD GECKO

Q&A

外觀相似的品種可以交配嗎？

Question

Answer

這會因飼主所採取的立場而異。如果只是單純想看自家飼養個體繁殖後代，下面提到的幾點或許就不是大問題；但若打算以繁殖者的身分繁殖販售，或是要拿來當成商店裡的產品，就應該留意這些要點。這裡談論的品種改良是以享受興趣的角度為前提，至於想經手更有商業價值的品種才投入豹紋守宮的品種改良，則是繁殖者個人的倫理問題。由於繁殖者的想法各有不同，不必因為不合乎自身標準就採取攻擊的態度，只須當成是彼此立場差異就好。

首先，並不推薦拿類似的基本品系來交

川普白化

貝爾白化

配。諸如川普、貝爾、雨水這3個白化品種；大理石眼、日蝕、密碼以及慾望黑眼等等與眼睛相關的品種；馬克雪花、奧本雪花（TUG Snow）、寶石雪花（GEM Snow）這3個雪花系品種；白黃跟謎等。將這些彼此類似的基本品系拿來交配，就不可能判斷隨後生下的個體到底屬於哪種基本品系。除此之外，就算把暴風雪、日蝕這類特色位於眼睛的品種加在一起，光看個體也會無法判別眼睛的變異到底是來自暴風雪還是日蝕。

這類相似基本品系的搭配，雖也可說生出來感覺會有點「像樣」，但這不管由誰來判

雨水白化。就算將白化拿來彼此交配，第一代也不會生出白化

白黃

謎

【不推薦交配的範例】
- 川普、貝爾、雨水等相異的白化個體
- 謎、大理石眼、密碼、慾望黑眼等相異的眼睛變異個體
- 馬克雪花、奧本雪花、寶石雪花等相異的雪花個體
- 黃白與謎

斷都無從確定，更不用說還無法得知是不是異合子。當不確定之中包含的基本品系時，就算花好幾年累積許多世代，想打造出自己期望的品種，最後得到的終將仍是「不知道什麼東西」。品種打造與培育是「講究精確的世界」。花費多年只得出「不知道什麼東西」實在叫人氣餒。為了防止演變成這種局面，繁殖者在處理基本品系時皆應注意。

若是多基因遺傳品系，在交配時也可以多多留意基本品系。不過，如果將不同系名的個體拿來交配，就不應該冠上原始名稱。例如在橘化之中，血跟地獄生出的子代就該叫做「橘化」，而不是任一方的名稱。在這個時候，親代的資訊只能給到橘化和地獄的名稱為止。這不僅僅是繁殖者的倫理，也是對育成者的一種尊重。

近來在豹紋守宮的圈子，上述想法已經相較普及。從前還曾看過有人將不同的白化個體拿來交配，但近期幾乎所有繁殖者的底線，都是不把類似的基本品系拿來交配。不過，大多個體都不會連其他基本品系的異合子都徹底管控。便宜賣的個體大多沒有標示異合子；經過確實管理的個體，則會產生相應的價格。在未經檢測或不確定是否為異合子的情況下，身為繁殖者，就該詳細地闡明狀況。

另外有時或許也會出於興趣，想知道2隻白化或2隻雪花交配會變成怎樣而試著搭配。但這也是玩賞圈會介意的事。此種情況下，在轉讓和販售時陳述這個事實，將是最低限度的倫理。不論得出了何種品系，在放到市場上販售時都不該提到品種名稱，而應稱之為「寵物用豹紋守宮」。

血和地獄交配出的橘化

交配會衍生健康問題嗎？

Question

Answer

姑且不論前篇「外觀相似的品種可以交配嗎？」所寫到的各點，有一些交配組合原本就會對健康造成嚴重的問題。

- 同為謎、同為白黃

同為謎的組合被公認可能致死，後代有1/4機率不會孵化（死蛋），不然就是孵化後死亡，或者出現發育不良、畸形等問題。

近年大家說白黃也有相同狀況，因此也不推薦將白黃彼此交配。

- 同為超級馬克雪花

普遍認為超級馬克雪花彼此交配，容易生下虛弱的個體。筆者自己也會避免把超級馬克雪花拿來彼此交配，含有其他品種血緣的複合品系尤應注意。

- 檸檬霜及超級檸檬霜

檸檬霜和超級檸檬霜會長惡性腫瘤。這在超級檸檬霜身上尤其顯著，腫瘤會造成無法呼吸、眼睛睜不開等問題，多是短命而終。含有檸檬霜血緣的組合自然不用說，有超級檸檬霜特徵的檸檬霜，也不推薦彼此交配。

- 含有超級馬克雪花血緣的檸檬霜

超級馬克雪花檸檬霜的某些個體，很難從外觀判別屬於檸檬霜。若拿來交配，可能會誕生出預期外的檸檬霜並流通於市，因此並不推薦。此外，超級馬克雪花檸檬霜可能致死，若有可能透過交配生出，同樣也不推薦。

馬克雪花檸檬霜

飼養溫度、濕度、年紀增長跟照明會使體色改變嗎？

Question

Answer

會引起改變。尤其在溫度和濕度方面，高溫會使橘、黃等顏色更鮮豔，低溫則常使黑、茶色變得更深濃。已知卵的管理溫度也會帶來相同影響。濕度也是一樣，乾燥容易造成顏色變淡，從標準到偏濕則容易形成濃郁鮮豔的色調。白化個體只要曾經身處低溫，白色的部分就會轉褐，且大多不會復原。這一般稱為褐化（Brown out）。在深紅色的橘化身上也會見到相同現象。當然，也有一些個體不會受溫度和濕度影響，無論置身何種環境都能保持黑或紅色、不會褐化。將這類個體篩選出來培育，應該也很有趣。另外，豹紋守宮的體色除了溫度和濕度，還會隨著年齡變化。這在橘化等類型身上尤其明顯，年輕個體會出現鮮豔的發色，但不少個體都會隨著年紀增長而變黯淡或轉白。

在照明的影響上，不如說是「會使顏色看起來不一樣」。這並不是體色本身產生變化，透過照明顏色來改變「看起來的模樣」這項手法，其實都會運用在各種動物身上。舉例而言，能讓亞洲龍魚、金魚等觀賞魚看起來更紅的照明，拿來用在橘化等類型身上，將能產生意想不到的鮮豔色澤。不過，由於體色本身並沒有改變，只要在白光、自然光等照明下觀看同一個體，就能確認原本的體色。另外，白天的太陽光也可以用來確認自然的體色。當然，把照明調得越暗，黑色品種看起來就會越黑。

如果要拍照片等，雖然也要看目的，但還是盡可能以自然體色來拍會比較好。

11歲的
超級少斑橘化

一般白光下的橘化

紅光下的橘化

太陽光下的橘化

用閃光燈拍攝的橘化。拍出了自然的體色

LEOPARD GECKO
Q&A

只看照片就能知道品種？

Question

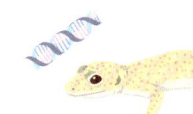

Answer

不能。如同品種篇P.128～130「外觀相似的品種可以交配嗎？」提過的，有些基本品系的外觀十分酷似。只要不是有著明確特徵的品種，如果沒有異合子、親代的資訊，光看照片將無法確定品種。頂多只能推測而已。同樣地，多基因遺傳品系的系名也很難判斷。就算可以說「這是有某某表現型的系」，表現型還是有變化的幅度，既有像社群軟體和圖鑑上所會出現的那種高辨識度個體，也有不那麼明顯的個體。

相同血統的黑夜。可看出在表現上具有個體差異

買來的高黃個體
看起來不像高黃

Question

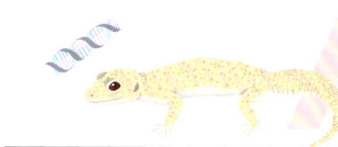

Answer

高黃原本是透過篩選來加強黃色的多基因遺傳品系，在豹紋守宮的品種改良史中尤其古老。也因如此，其血緣已經廣泛普及，就算不刻意設為目標，經常也能生出黃色強勁、足以稱為高黃的個體。因此，雖然嚴格說來原色（跟野生系相近的表現）並不完全等於高黃（黃色強勁的表現），其實現在有時都會直接把高黃視為原色。

或許出於這樣的背景，在最便宜的原色裡被當成高黃販售的個體，實際上已越來越常見混有同樣流通已久，帶有少斑、橘化等表現的個體，或者黃色沒那麼多的個體。

原本定義上的高黃

以高黃之名流通的個體。
看得出有少斑、橘化的表現

135

LEOPARD GECKO

Q&A

寶寶時期是普通眼，長大後卻變成日蝕眼？

Question

豹紋守宮寶寶的眼睛顏色很深，成長後才會變得明亮一些，因此有時較難跟日蝕做出區別。以原色、高黃之名買來的豹紋守宮個體，如果在長大後確定是日蝕眼，那或許就是在寶寶時期的品系判別出了錯。當然，也不能忽視這是新品種的可能性，如果想要加以驗證，就必須跟擁有一般眼睛的基本品系交配才行。

Answer

許多個體的眼睛都會隨著成長而變得明亮

悖論會遺傳嗎？

Question

Answer

基本上普遍認為悖論不會遺傳。不過，由於這並未經過遺傳性的全面檢驗，自行挑戰看看或許也挺有趣。就我的經驗，有些系比較容易出現悖論（參照P.167），但還不到既有基本品系那般能夠清楚說明遺傳型態的程度。在這種狀況之下，就不會去強調悖論的遺傳性，幾乎只會單純以悖論之名流通。

悖論

LEOPARD GECKO

Q&A

有辦法培育新品種嗎？

Question

Answer

要說能不能做到這件事，答案是肯定可行的。如果有概念且持之以恆，應該可以打造出多基因遺傳品系的原創系。不過，在品種篇P.121「系名可以自己取嗎？」所提及的要點都必須多加留意。

要育成新的基本品系，與其談論達成的難易度，不如說更像取決於運氣。舉例而言，據說在自然狀態下，白化的出現機率是數萬分之一。首先，飼養時能否在這種機率下碰到白化個體就是第一道關卡。其次則得面對遺傳型態是否明確、可否成長與繁殖、是否健康、是否帶有其他基本品系的異合子等課題。大部分爬蟲類都以具有眾多源自WC（野生捕捉個體）的基本品系為人所知，但就豹紋守宮幾乎沒有WC流通的現況而言，僅能期待在人工飼養下產生新品種。這樣的背景，也使得打造豹紋守宮基本品系的門檻變得更高。

黑眼。有可能成為誕生於日本的新品系

不小心繁殖太多

Question

Answer

豹 紋守宮的繁殖很簡單，繁衍數量也絕不算少。記得要做好規劃再進行。按理說事先就應找好準備轉讓的對象或收購的商家，但在守宮寶寶出生之後也應再接再厲，繼續尋找買家。同樣地，當飼養個體的數量過度增加，或因飼主身體狀況等因素無法繼續飼養時，也應該跟購買單位或周遭親友等商量。此外，販售時需要向地方政府登記並獲得許可。未經許可就販售，在日本可能會違反《動物愛護管理法》而受罰。

COLUMN
不該培育雜交個體？

蛇以能跟不同屬的物種雜交廣為人知。舉例而言，球蟒和窩瑪蟒這種長相完全不同的物種也可雜交，並以「Wall」的品種名稱流通於市。包括豹紋守宮在內的守宮，往後或許也會發表出許多跟同屬物種，以至於跟完全不同屬物種雜交的個體。但若只是一般飼養爬蟲類當成興趣的話，就會認為不該培育雜交個體。畢竟生物本來就有著無法跟異種生物繁衍的「生殖隔離」機制。人為雜交可能會引發「雜種衰敗」（雜交個體在歷經數世代後死亡）、「雜種不育」（雜交個體欠缺生殖能力）、「雜種不活」（交配而得的胚胎無法發育出生）等生殖隔離機制。飼養爬蟲類的一大樂趣就是繁殖。假使雜交個體四處橫行，最後可能將導致再怎麼用心都無法成功繁殖的現象。

假使想打造雜交個體，應該做到第一代就停手，並更加顧慮流通問題。此外在飼養爬蟲類的圈子裡，產地和血統受到保證的個體，在商業上才會具有特殊附加價值。就這個層面而言，雜交個體也不太受到歡迎。但這並不代表現在大家手邊所養的雜交個體就是「不好的」，如果只是好好將牠們養到終老，就沒有任何問題。先了解該個體所代表的意義，才是最重要的。

Wall

該怎麼蒐集資訊？

Question

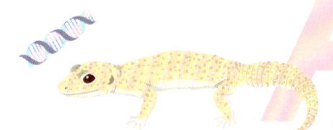

Answer

筆者主要會透過國外網站，以及與繁殖者交流來蒐集資訊。像Gecko Time（https://geckotime.com/）、社群媒體的社團等都很好用。社群媒體的社團，我基本上都是看有許多國外繁殖者加入的那種。日本國內也有許多網站和社群媒體，但常會碰到情報實在很舊或品質不上不下、無法參考的資訊。不過，新手或許會不知該怎麼詳查資訊，因此請從國內書籍開始，也可以確認一下本書卷末所列的參考網站和參考書籍。此外，日本國內也會舉辦數個繁殖者交流活動，到這樣的場合跟繁殖者交換資訊也很重要。

COLUMN

停止產卵的原因？

豹紋守宮通常會產下5批左右的卵，有時到第2～3批就會停止。批次停止有以下幾種原因。另外，批次停止後基本上不會再重新開始。如果是因營養狀態和低溫所造成，就要為了下一季做好調整。另外，若有水蛋（未受精卵或受精不完全的卵）的情形，有時可以透過多次交配（交尾數次）來解決問題。

❶ 高齡

豹紋守宮直到超過10歲仍會產卵，但產卵批次常會隨著高齡化減少。

❷ 營養狀態

產卵期間如果進食量太少，多會導致批次減少告終。

❸ 低溫

若雌性在產卵期長時間處於約24～25℃的環境，產卵批次就可能停止。因為低溫而中止的批次，基本上就算提升溫度也不會重新開始。

不靠自然交配，
能否透過人工培育新品種？

Question

Answer

要做是可以的。已有美國大學利用基因編輯技術打造出了白化的沙氏變色蜥。豹紋守宮也跟沙氏變色蜥一樣，是爬蟲類繁殖、發育等研究材料中的重點生物。相信未來有很高的可能性，會有人發表透過實驗編輯某種基因的論文。亦有觀點認為，或許能利用基因編輯技術來解決檸檬霜的腫瘤問題。

不過，這類透過基因編輯技術所打造出的生物，可說幾乎不可能流入寵物市場。國際上對基因編輯生物的流通有所規範，在日本也以

「管制基因改造生物之使用等以確保生物多樣性的法律」（簡稱卡塔赫那法）予以限制。近年有人將大學內研究用的基因編輯鱂魚攜出後拿去飼育、繁殖、販售，最後因違反卡塔赫那法而遭逮捕。說到底，像是孕育出白化沙氏變色蜥的這種基因編輯技術，原本就有正反兩極意見爭論不休。在興趣飼養的領域裡，這也是關注相關資訊的一個方向。

據說雨水白化源自於野生捕捉的白化

為何都是豹紋守宮，價格卻有差異？

Question

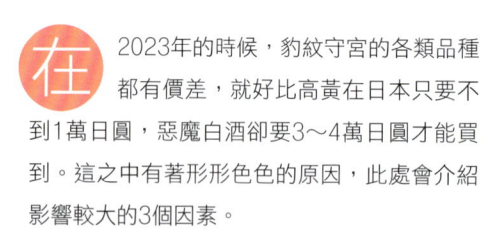

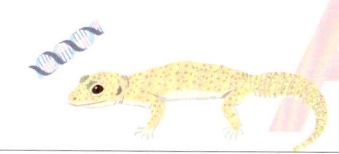

Answer

　　2023年的時候，豹紋守宮的各類品種都有價差，就好比高黃在日本只要不到1萬日圓，惡魔白酒卻要3～4萬日圓才能買到。這之中有著形形色色的原因，此處會介紹影響較大的3個因素。

　　第一點是品種之中包含的數量。如果把高黃當成一個品種，那惡魔白酒之中就至少包含著川普白化、日蝕、暴風雪這3種，而且還包含著隱性遺傳的品種。隱性遺傳的複合品系一旦創造出來，要量產並非難事；但要從零開始打造出最開始的第一隻，則需要耗費相當的勞力。假設將暴龍跟暴風雪交配，F1得出了het川普白化、日蝕、暴風雪的三重異合子，接著再將三重異合子彼此交配以得出F2。在這樣的情況下，得出惡魔白酒的機率僅有1.6％，非常之低。複合品系就是這麼難以打造，因此通常要價不菲。雖然也可以說「在單一個體裡面包含著許多品種，非常划算！」但真實價值其實更甚於此。

　　第二點是量產的難度。前面舉例的隱性遺傳複合個體，只要能得出最開始的那一隻，就會很好量產。不過像黑化等多基因遺傳品系

惡魔白酒。
要從零打造極為困難

就不會單純遺傳下去，必須花時間打造。不僅如此，同個系統裡的表現（一般稱為顏色、花紋等的品質）也會有落差。例如黑夜，沒那麼黑的個體跟全黑的個體，價格就會一躍數倍。加之若是能冠上系名，要維持純種也需要付出心力。多基因遺傳品系的流通量通常不太會增加，價格也很少往下掉。當某位畫家替自身繪畫標上高價而被批評「太貴」的時候，畫家應該會回應「這幅畫不是瞬間就能畫成，而是用一路累積的時間和技術畫出來的。這份成果值得這樣的價格。」用在豹紋守宮身上也是一樣，去說繁殖者持續鑽研所打造出的個體「太昂貴」，或許相當不解風情。

第三點則是「是不是新的東西」。最新品種的首度販售個體，甚至可能標上數百萬的金額。當然，前提是這個品種具有明顯的特徵、遺傳性和魅力等。過去在品種還只有高黃的時代，如今可能會被說品質很差的橘化，也曾經要價數萬、數十萬日圓。又說，那麼等量產使價格變便宜後是否就是買的好時機，我也無法乾脆地答是。會這樣說是因為當開始量產後，會更容易出現品質參差不齊、混進多餘基本品系的異合子等弊病。

豹紋守宮的價格也會反映出「受歡迎程度」、「品質」、「繁殖者的心意」等因素。別單純只關注「昂貴」或「便宜」，再多試著去理解背景脈絡，相信在挑選個體時也會感到更加開心。

黑夜。從2016年左右開始較有機會看到，如今已是高不可攀

LEOPARD GECKO
Q&A

該如何成為**繁殖者**？

Question

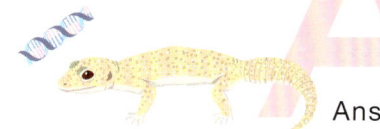

Answer

繁 殖者的定義很模糊。若是單純為了能「販售」而想登記，必須先確認環境省官網上針對「第一種動物處理業者」的相關規範，符合條件即可向所屬的地方政府諮詢。但實際上，即使從未有培育經驗也能做這項登記（為日本2023年8月狀況，台灣則於《動物保護法》中規範）。筆者則認為充分了解該生物、留意其健康問題等，在販售繁殖個體時能負起責任的人，才有資格稱為繁殖者。相信不會有人在家裡繁殖了點孔雀魚、鱂魚或倉鼠就自稱是繁殖者吧。雖說豹紋守宮的飼養和繁殖沒什麼難度，要成為繁殖者仍需要數年繁殖、培育繁殖個體的經驗。請認真看待自身的目標，審慎評估。

繁殖者的房間

死掉了該怎麼辦？

Question

Answer

雖然需要付費，但火葬是最佳選擇。除了民間寵物火葬業者外，日本地方政府有時也會舉辦聯合火葬。尤其像豹紋守宮這種小動物，有些地方政府處理起來並不昂貴；假使不論如何都無法花錢，也有不少地方政府允許將動物遺體當成可燃垃圾處理。請好好重視這份送寵物離開的心意，選擇自己能接受的處理方式吧。

埋進土裡、放入河川等做法都不可。因為遺體可能會被其他動物取走，而遺體產生的病原體，也可能對土壤與水源等造成環境汙染。如同P.8「飼養需要申請許可？」所提過的，豹紋守宮的相關傳染病有對本土物種造成影響之虞。請負起飼主的責任直到最後一刻，審慎因應。

145

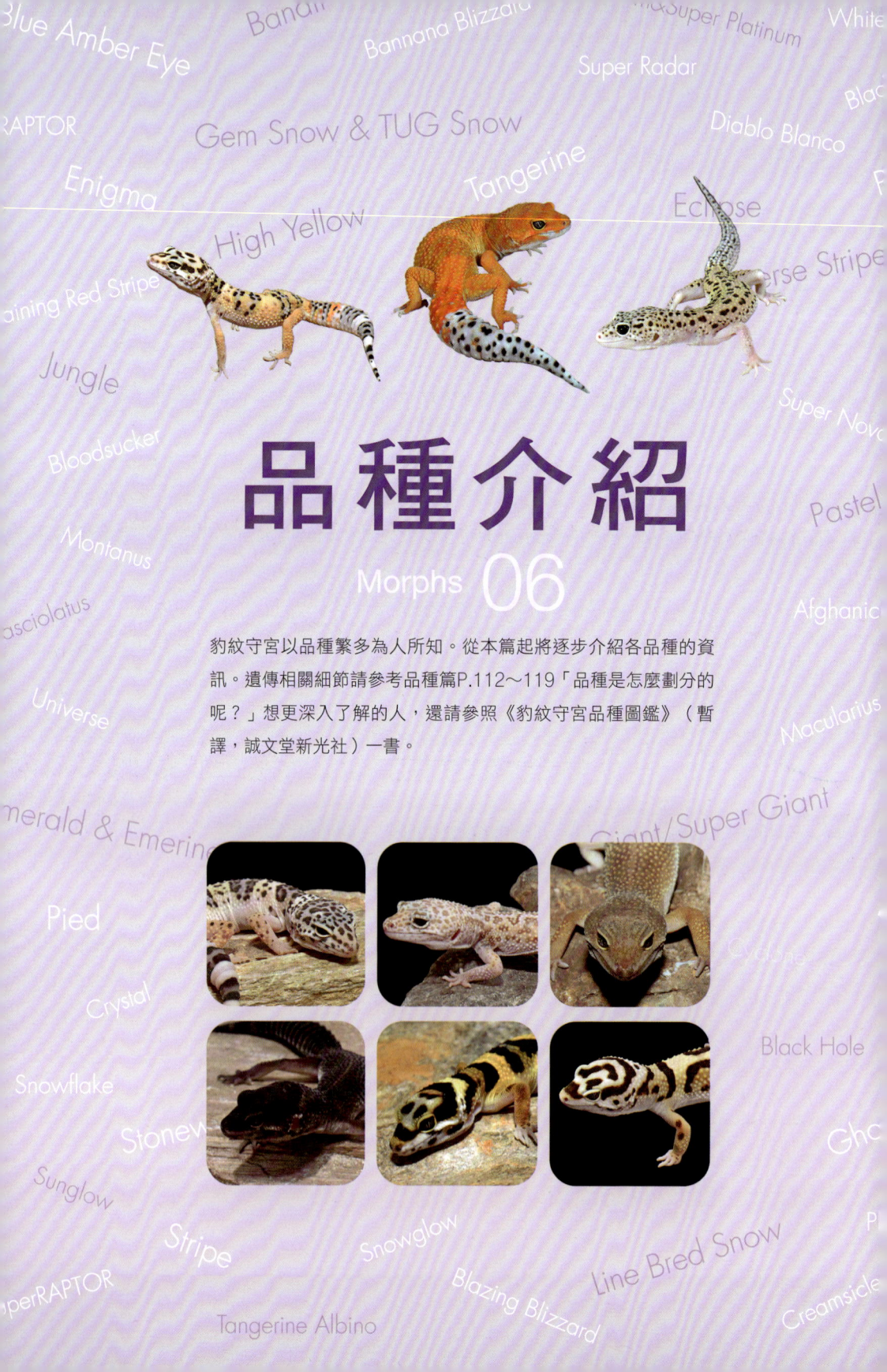

品種介紹

Morphs 06

豹紋守宮以品種繁多為人所知。從本篇起將逐步介紹各品種的資訊。遺傳相關細節請參考品種篇P.112～119「品種是怎麼劃分的呢？」想更深入了解的人，還請參照《豹紋守宮品種圖鑑》（暫譯，誠文堂新光社）一書。

基本品系與多基因遺傳性狀／品系一覽表

	品種名	遺傳型態	特徵的主要表現部位
基本品系	川普白化	隱性遺傳	體色、眼睛顏色
	雨水白化	隱性遺傳	體色、眼睛顏色
	貝爾白化	隱性遺傳	體色、眼睛顏色
	莫菲無紋	隱性遺傳	花紋
	暴風雪	隱性遺傳	花紋和眼睛
	巨人／超級巨人	隱性遺傳？	體型
	日蝕	隱性遺傳	眼睛和體色
	大理石眼	隱性遺傳	眼睛
	慾望黑眼	隱性遺傳	眼睛和體色
	密碼	隱性遺傳	眼睛和體色、花紋
	藍琥珀眼	隱性遺傳	眼睛
	無鱗	隱性遺傳？	鱗片？
	謎	顯性遺傳	花紋和體色、眼睛；有疾病
	白黃	顯性遺傳	花紋和體色；有疾病
	寶石雪花／奧本雪化	顯性遺傳	體色
	鬼魂	顯性遺傳	體色、花紋
	馬克雪花／超級馬克雪花	共顯性遺傳	體色／體色、花紋、眼睛
	檸檬霜／超級檸檬霜	共顯性遺傳	體色、眼睛；有疾病
多基因遺傳性狀／多基因遺傳品系	高黃	多基因遺傳	體色
	少斑／超級少斑	多基因遺傳	體色、花紋
	少斑橘化／超級少斑橘化	多基因遺傳	體色、花紋
	橘化	多基因遺傳	體色
	翡翠（Emerald／Emerine）	多基因遺傳	體色、花紋
	叢林	多基因遺傳	花紋
	直線	多基因遺傳	花紋
	反轉直線	多基因遺傳	花紋
	紅直線	多基因遺傳	體色、花紋
	粗紋	多基因遺傳	花紋
	黑化	多基因遺傳	體色
	選育雪花（Line Bred Snow）	多基因遺傳	體色
	薰衣草	多基因遺傳	體色
	石洗紋（Stonewash）	多基因遺傳	體色、花紋
	派（Pied）	多基因遺傳	體色、花紋
	高斑（High Speckled）／花崗岩／閃長岩	多基因遺傳	花紋
	白邊	多基因遺傳	體色、花紋
	蠟筆	多基因遺傳	體色

基本品系

Base morph

白化
Albino

隱性遺傳

　　豹紋守宮的白化，以川普白化、雨水白化、貝爾白化這3類為人所知。他們之間不具兼容性，就算彼此交配，第一代後代也不會得出白化。

　　這3種都會對身體和眼睛顏色產生影響，在原色身上的黑色部分會變成褐色或薰衣草色，眼睛則會呈現紅紫色或酒紅色。3種白化特徵各異，跟其他品種搭配較能產生顯著差異。飼養上會碰到一些對光敏感的個體，在明亮環境也經常張不開眼。

　　有鑑於此，最好要顧慮個體狀況來設置躲避屋、用鑷子餵食等。

川普白化
Tremper Albino

川普白化

　　川普白化是3類中最早上市流通的白化。只標為「白化」時通常都是指川普白化，或常會簡稱為「川普」。體色富有多樣性，褐色特別強勁的川普白化稱為「巧克力白化」，在市面上也找得到；此外若是從榮恩・川普（Ron Tremper，LeopardGecko.com）的土匪系配出白化，不論孵化溫度為何，褐色都會很濃郁，稱為「肉桂白化」。本品系是最普及的白化，也經常會從未標記異合子的個體生出。

雨水白化
Rainwater Albino

雨水白化是第二個流通於市面的白化品系，常簡稱「雨水」。有時也被稱為「拉斯維加斯白化」，但近年已經很少聽到。在3種白化之中，雨水白化擁有最明亮的淺淡體色，但眼睛是暗色調。

雨水白化

貝爾白化
Bell Albino

貝爾白化是第三個進入市場的白化品系，常簡稱「貝爾」。有時亦稱「佛羅里達白化」，但近年已較少耳聞。體色濃郁，眼睛是亮紅色。斑紋呈深褐色，常是斑點大集合般的複雜花紋。

貝爾白化

莫菲無紋
Murphy Patternless

隱性遺傳

莫菲無紋

莫菲無紋是隱性遺傳控制的一種無紋，經常只稱為無紋，在國外也會省略為「Patty」。在日本國內初入市場時曾稱為「Leucistic」，但此詞通常是指「白化」，近年已經不會這樣使用。

莫菲無紋的體色多是灰或奶油色，黑色斑點會消失。幼體時長有蔚為特色網狀花紋，很容易跟其他品種做出區別，但這個網狀花紋會隨著成長消失。此外就算是異合子個體，仍會對花紋造成影響，受影響個體的全身都會長出密密麻麻的細小斑點。有這種表現的個體也稱為「高斑」或「花崗岩」。

149

暴風雪
Blizzard
隱性遺傳

暴風雪是隱性遺傳的一種無紋，乍看跟莫菲無紋很神似，其實體色是更偏白的色調，眼球顏色會從眼皮底下透出，看起來更藍一些。莫菲無紋在幼體時有花紋，暴風雪則是在幼體時花紋就已完全消失。此外，牠們有時會出現眼睛宛如日蝕或大理石眼的個體，但這僅會隨機出現，並不會確實遺傳下去。若拿來跟眼部表現的基本品系搭配，將會很難判斷眼睛的表現型到底來自哪一方。

就算是異合子個體仍會對花紋造成影響，受影響個體的全身會長出密密麻麻的細小斑點。市面上將體色較深的稱為「午夜暴風雪」，黃色的則稱為「香蕉暴風雪」，但這不是固定稱呼。香蕉暴風雪有時也會拿來指暴風雪跟莫菲無紋的複合個體。

暴風雪

巨人／超級巨人
Giant/Super Giant
隱性遺傳？

超級巨人和巨人是會造成體型巨大化影響的隱性遺傳品系。過去曾被視為共顯性遺傳，但其後由育成者榮恩‧川普定調為隱性遺傳。川普認為「巨人」並不存在，只存在著屬於純合體的超級巨人及超級巨人的異合子。本品系的遺傳型態究竟為何，各家繁殖者莫衷一是未有定論，也有認定為共顯性遺傳或多基因遺傳的看法。

目前超級巨人的定義是雄性超過100g、雌性超過90g。不過由於豹紋守宮的過胖個體遍地皆是，養育時應考量健康因素，不要只關心體重，也應注重體格和全長。另外，本品系因尺寸巨大，也曾一度懷疑可能是跟豹紋守宮同為亞洲守宮屬、體型更大的伊朗豹紋守宮所得出的雜交個體，但其後已有研究證明牠們是純種的豹紋守宮。

又有一說是，由川普所培育出的大型個體「Moose」重逾150g。史蒂夫‧賽克斯（Steve Sykes，Geckos Etc.）將由該後代所培育出的大型個體命名為「哥吉拉」，其血統於是以「哥吉拉巨人」之名流通市面。繼承Moose血緣的個體已經廣傳到各式各樣的全球繁殖者手中，如今也正被拿來培育更加大型的個體。

哥吉拉超級巨人

日蝕
Eclipse

隱性遺傳

　　日蝕是會對眼睛跟體色帶來影響的隱性遺傳品系。基本上說到日蝕，指的就是本品系。不過，在暴風雪和超級雪花身上可見，眼中虹膜覆有黑色的變異型亦被稱為「日蝕眼」，請注意不要混淆了。

　　本品系的眼睛表現型有著程度差異，虹膜100％被黑色遮蓋的稱為「全黑眼（Full Eye/Solid Eye）」或「黑眼」；1～99％遮蓋的稱為「蛇眼」或「半黑眼」；虹膜完全不被黑色遮蓋的稱為「清晰眼」或「阿比尼西亞眼」。阿比尼西亞原是榮恩‧川普所發表的獨立基本品系，如今由於跟日蝕具有兼容性等因素，一般會視其為眼睛表現型的一種變化。此外，蛇眼還分成眼睛一半被黑色遮蓋，以及覆蓋著斑點的類型，雙眼有著不同遮蓋形式的蛇眼也相當常見。

　　日蝕的體色基本上會變淡，有時會出現帶有無紋或是反轉直線表現型的個體。此外有時候也會在鼻尖、手腳、尾巴尖端、後頸等處出現「派（Pied，部分無斑）」的表現型。這些個體的眼睛和花紋表現型未必會遺傳下去，例如全黑眼＋全黑眼的後代，並不會全部都是全黑眼。但藉由篩選交配，某種程度上似乎還是可以控制。由於日蝕是非常普及的品系，從未標註為異合子的個體繁衍出本品系也是常見之事。

　　飼養方面，除了有時會碰到視力不佳的個體外，拿來跟白化搭配時也會出現對光敏感的個體。需要配合個體狀況，考慮用鑷子餵食或設置躲避屋等。

日蝕（全黑眼）

日蝕（蛇眼）

大理石眼
Marble Eye

隱性遺傳

　　大理石眼如同其名會影響眼睛，虹膜受到墨水滴落般的黑色遮蓋。有些個體的眼睛表現型跟日蝕很神似，但據信大理石眼不會影響體色，全黑眼的數量不多。當然，它跟日蝕並不具有兼容性。大理石眼的流通數量比日蝕少。

大理石眼

慾望黑眼
Noir Desir Black Eyes (NDBE)
隱性遺傳

慾望黑眼會對眼睛和體色造成影響。從幼體到年輕個體會是全黑的眼睛；隨著年齡增長，則會變化成混雜著黑和銀色的特殊眼睛「月亮眼」。公認慾望黑眼跟同樣會影響眼睛的日蝕、大理石眼、藍琥珀眼並不具有兼容性。通常慾望黑眼的體色深濃，經常可見發黑的個體，跟橘化搭配時會生出極具特色色調的後代。

許多成體的眼球會縮小，眼睛凹陷，眼瞼看起來似有畸形。這些個體幾乎無法睜開眼，視力應該不是很差就是看不見了。被認為慾望黑眼純合子的雌性會不孕，繁殖時需要使用異合子的雌性。

此外，本品種是從傑森・海古德（Jason Haygood）的橘化系所衍生。該橘化系目前以「蜜橘」之名流通，慾望黑眼經常會拿來跟蜜橘搭配。

慾望黑眼橘化貝爾

密碼
Cipher
隱性遺傳

密碼當初是在約翰・斯卡布羅（John Scarbrough，Geckoboareptile.com）所擁有的大理石眼群體中發現的。這是會對眼睛、花紋、體色造成影響的隱性遺傳品系，眼睛一定會變成全黑眼，身體從軀幹到尾巴尖端可見反轉直線，不會出現帶狀花紋。這種反轉直線在幼體時很明確，但會隨著成長衰退。不僅如此，據信其對體色也有影響，就算跟野生型交配，也能得出擁有大面積少斑橘化那般發色的個體。另外斯卡布羅已經驗證過，密碼跟日蝕並不具有兼容性。

密碼

藍琥珀眼
Blue Amber Eye

隱性遺傳

藍琥珀眼的特徵是帶藍色的暗色調眼睛，瞳孔看起來稍微透明。已知其眼睛色調在幼體時最灰暗，隨著成長會稍微變淡。另外不同於日蝕，藍琥珀眼並不會影響體色，所以似乎不會出現蛇眼那類的表現型。已經知道藍琥珀眼跟日蝕、大理石眼、慾望黑眼並不具有兼容性。

本品系是從海琳・川普（Helene Tremper，Leopard Gecko.com）的橘化雨水白化系統（後被命名為燃燒血雨水〔Burning Blood Rainwater〕）中發現，因此流通個體大多含有雨水白化的基因。

燃燒血雨水
白化藍琥珀眼

無鱗
Scaleless

隱性遺傳？

無鱗是由厄可・舒特（Eelco Schut，BC-reptiles）於2017年發現的，但目前仍在驗證中，尚未上市流通。由於驗證相當嚴謹，幾乎已可證實是隱形遺傳，因此在此介紹。

如同其名，無鱗指的是豹紋守宮特有的顆粒狀鱗片消失，成為了滑順的肌膚。雖然正式名稱尚未定案，既然舒特也稱其為無鱗，此處便採用無鱗之名來介紹。

最早的個體是由2隻馬克雪花異合子日蝕所得出，命名為賽汀（Satin）和德米（Demi）。賽汀與德米的外觀乍看有點像超級雪花的無鱗，但外觀到底受馬克雪花、超級馬克雪花或日蝕影響到什麼程度，目前尚不明朗。2021年至2023年間出生的個體開始偏黃，眼睛也是普通眼，因此無鱗有很高的可能性不會影響眼睛和體色。

照片提供、拍攝個體◉Eelco Schut（BC-reptiles）

謎
Enigma

顯性遺傳

謎

謎會對體色、花紋、眼睛顏色造成影響，全身遍布著灰色至淡紫色、橘色等色斑狀花紋，以及大小各異的斑點，眼睛也經常會是深色調。另外在眼睛的顏色方面，就算沒有加入白化，有時還是會變成偏紅的色調。尾巴呈白至灰色，有的散布著細小點點，也有完全無點的。這些表現型會隨機出現且類型豐富，要重現相同表現型的個體極為困難。由於謎本身有些不夠繽紛，市面上流通的大多數個體，通常都是跟某些品系的複合個體。

謎是顯性遺傳的基本品系，但已知其純合子會致死。因此純合子大多不會孵化，也沒人碰過可稱為超級體的個體。

有一點需要注意的是，謎以基因缺陷引發稱為「謎病」的神經症狀聞名。這種病會有「平衡感異常的傾斜」、「在同個地點繞圈圈」、「翻肚」等症狀，甚至可能無法順利捕捉餌食。這些症狀有輕有重，輕微者可能看似毫無異樣，但在產卵、抱卵、運輸等壓力下就可能導致病情發生變化。需要按照飼養個體的狀態，針對餵食方法和箱內擺設來設法因應。另外，就算拿病情輕微的個體來篩選交配，似乎也無法完全排除這種神經症狀。

白黃
White and Yellow (WY)

顯性遺傳

白黃

白黃是會對體色和花紋造成影響的顯性遺傳品系，如同其名，體色以黃和白為基調。除了淡色少斑橘化一般的體色之外，下顎、身體側邊與四肢常會有掉色轉白的情況。不僅如此，白黃也會像謎那般長出不規則的斑點，偶爾則是如悖論般出現黑斑塊。白黃跟謎一樣，會在搭配其他品種時發揮真正的價值。相較於走華麗路線的謎，本品系的複合個體會呈現出對比鮮豔、粉蠟筆感的美麗色彩。因此市面上流通的白黃，多是跟某種品系的複合個體。

已知其純合子會致死。純合子大部分不會孵化，就算孵化也都會虛弱得無法成長或死亡等。此外，過去一度認為白黃不具有像謎那般的神經症狀，如今則已得知，牠們同樣有著名為白黃症候群的神經症狀。但白黃症候群不同於謎病，可以透過篩選交配來剔除，且無症狀的個體並不會突然發病。

另外，本品系如果不使用特徵較為突出的個體，就無法獲得相同的表現，因此有時不會被當成顯性遺傳的基本品系，而被視為多基因遺傳品系。

寶石雪花／奧本雪花
Gem Snow & TUG Snow

顯性遺傳

寶石雪花

奧本雪花

　　這是會對體色帶來影響的顯性遺傳品系，2個類型的黃色都會減少，並以白底為基調。不同於馬克雪花，目前尚未發現超級體。奧本雪花跟馬克雪花組合可以得出超級體，該超級體被命名為雪風暴（Snow Storm）。將奧本雪花和馬克雪花交配，有25％機率會得出雪風暴，50％會出現奧本雪花或馬克雪花，但無法確切判定到底是奧本雪花還是馬克雪花。此外，由於寶石雪花跟奧本雪花在表現和遺傳型態上看不太出差異，有時會被視為同一種商品來販售。

鬼魂
Ghost

顯性遺傳

　　本品系以顯性遺傳而為人所知。由於少斑＋馬克雪花的複合個體也稱為鬼魂，請留意不要混淆了。

　　鬼魂是會對花紋和體色起作用的品系，兩者都會隨著成長漸漸消失，呈現出乍看像是少斑的表現。不過這跟少斑並不相同，已知成體時不會跑出明亮的黃色，也不會產生橘色，而是濃淡具差異的帶綠發色。此外其與馬克雪花等的複合個體，許多時候薰衣草色的部分都會變得更大片。

　　鬼魂在幼體時尚難辨別，需要等到亞成體後開始展現特徵才能提升判別的精確度。但其實豹紋守宮無論哪個品種皆然，如果是經驗豐富的繁殖者就不受此限制。另外，這個品系雖然由來已久，但由於一路至今曾經跟橘化組合、跟少斑混為一類等，目前已經很難取得純種個體了。

照片提供、拍攝個體◉Miles Schwartz（Impecable Gecko）

鬼魂

馬克雪花／
超級馬克雪花
Mack Snow & Super Mack Snow
共顯性遺傳

馬克雪花

超級馬克雪花

馬克雪花是最普及的雪花豹紋守宮。單稱「雪花」、「超級雪花」的基本上都是指馬克雪花、超級馬克雪花。馬克雪花跟其他雪花一樣是會對體色造成影響的品系，黃色會減少，以白底為基調。孵化時是明確的單色調，但經常隨著成長跑出淡淡的黃色。本品系跟其他雪花最大的區別，就是屬於共顯性遺傳這點。因此當馬克雪花彼此搭配，有25%機率會生出屬於超級體的超級馬克雪花。

超級馬克雪花的體色是完全單色，眼睛必定是全黑眼，容貌令人印象深刻。剛孵化後全身都是灰或偏黑色調，但隨著成長會顯現斑點。大多狀況下斑點都會沿著背部呈現線狀排列，斑點大小則具有個體差異。

檸檬霜／
超級檸檬霜
Lemon Frost & Super Lemon Frost
共顯性遺傳

檸檬霜

檸檬霜會對體色和眼睛造成影響，體色如同其名，以鮮豔的檸檬黃為基調，帶狀花紋不明確，色素分散，鱗片彷彿被一塊塊塗黑那般。脖子和眼睛周圍等處的白色部分相較明顯。眼睛也很有特色，普通檸檬霜是灰眼配白色虹膜，使血管狀的花紋更加明確；超級體的這些特徵又更顯著，體色就像是整隻塗滿白色，軀幹也如塗上了檸檬黃般的色調，眼睛的白色會更大片。此外，普通檸檬霜在半透明的腹部也會有整片白色和檸檬黃。而超級體則常見眼睛、頭部巨大的個體，或皮膚厚得不自然的個體。

由於檸檬霜高機率會罹患惡性腫瘤，許多繁殖者和商家都敬而遠之。不同於無法自力捕捉活餌的謎病、白黃症候群等，檸檬霜的惡性腫瘤可能會演變成致命的悽慘症狀。有鑑於此，不僅繁殖就算只是想買來飼養都必須多加留意。尤其超級檸檬霜常會有呼吸器官長腫瘤、眼睛睜不開等重症，許多個體皆是短命而終。檸檬霜產生特殊色調的機制本身即是惡性腫瘤的起因，因此在現實層面上很難完全排除。隨著成長腫瘤會自體表隆起，變得能夠目視，而在腹部、下巴下方也可確認到透出白色。

多基因遺傳品系

Polygenetic morphs

高黃
High Yellow

這是歷史最為悠久的品種，如同其名，是取黃色強烈的個體篩選交配的多基因遺傳品系。過去曾被稱為「超黃（Hyper Xanthic）」或「黃（Xanthic）」。如今「超黃」一名通常用來指JMG Reptile公司所打造的系統。近年高黃的血統相當普及，就算不特地篩選交配，也能得出可稱為高黃的個體。正因如此，亦可見到某些繁殖者不刻意稱呼「高黃」，而將之歸類為「原色」。另一方面，在原色＝高黃的這件事情上，即使是沒什麼黃色的個體，或包含廣為普及的橘化或少斑等表現的個體，也常見以高黃之名流通。

高黃

少斑／超級少斑
Hypomelanistic&Super Hypomelanistic

少斑「Hypo Melanistic」常會簡稱「Hypo」，意為「黑色素減少」。用來指體色上黑斑塊和色素減少的表現型，以及與這類個體篩選交配得出的多基因遺傳品系。少斑也以顯性遺傳般的遺傳型態為人所知。能稱為少斑的條件，除了前述單純用來指色調的情況外，有時還會定義成「軀幹的黑斑數量少於10個」。另外，超級少斑是指身上幾乎無斑或完全沒有黑斑。不過，這幾年市面上充斥著大量區別不明確的個體。此「超級」並不是共顯性遺傳的超級體，而是強調「非常」少斑。

少斑

157

少斑橘化／
超級少斑橘化
Hypo Tangerine & Super Hypo Tangerine

　　如同其名，這是由少斑跟橘化組合而成的多基因遺傳品系，以鮮豔的橘色為基調，黑點在少斑的影響下變少。這雖然是由2種表現型所構成，卻是非常普通的組合，因此在這裡當成一個類型來介紹。少斑橘化在日本也稱為「少橘」、「超級少橘」，有時亦取英文字首縮寫為HT、SHT，下文也會這樣使用。另外，包括後面將會提到的表現型在內，近年來HT、SHT都會單純稱為「橘化」。HT、SHT從過往就大受爬蟲愛好者歡迎，被大量繁殖者拿來品系配種，這部分會在接下來的橘化段落中加以介紹。

　　頭部花紋消失的稱為「禿子」（Baldy）或「禿頭」（Bald Head）；頭部長出橘色花紋的稱「蘿蔔頭」（Carrot Head）。另外，尾巴根部附近覆蓋濃郁橘色的稱為「蘿蔔尾」（Carrot Tail）；連尾巴尖端都染有橘色的稱為「全蘿蔔尾」。超級少斑橘化蘿蔔尾簡稱「SHTCT」，超級少斑橘化蘿蔔尾禿子則簡稱為「SHTCTB」。

少斑橘化

橘化
Tangerine

　　「Tangerine」是蜜柑等柑橘類的一種，如同其名，是指有著濃郁橘底色的表現型，或以其為本所打造出的多基因遺傳品系。過去曾有為數眾多的繁殖者為了減少橘化的色素而拿來跟少斑結合，或許因為如此，現今流通的橘化大多都已經變成H、SHT或SHTCT。近幾年已經不會特地加以細分，通常都會單純將牠們稱為橘化。

　　諸如顏色要濃一點或亮一點、花紋要減少到什麼程度、是否要為了產生綠色而混入翡翠等等，這個深奧的品種能夠體現出繁殖者的堅持所在，因此不少繁殖者都深受吸引。過去常會見到以HT、SHT或SHTCT為目標的系統，近年則會在篩選交配時選擇保留色素，目標做出顏色更濃的橘化。此外，篩選交配時也會以黑濁紅色為目標而加入黑化，或加入粗直線那類花紋的表現型。這類在近年打造出的系統，經常是在篩選交配時混入既有系統，其後再視為新的系統。

　　另外，次頁將會介紹相較常見的系統。這些僅是幾例，其他尚有許多系統。相信往後也還會再有形形色色的系統問世。

Polygenetic morphs

- 血　Blood（JMG Reptile公司）
- 黑血　Black Blood（JMG Reptile公司）
- 紫血　Purple Blood（JMG Reptile公司）
  這是源自Sin City Gecko's的系統。
- 血翡翠　Blood Emerine（JMG Reptile公司）
- 血少斑　Blood Hypo（JMG Reptile公司）
- 電　Electric（KelliHammock氏：HISS）
- 守宮基因　Gecko Genetics
- 柑橘　Mandarin（Jason Haygood的系統）
- 熱帶橘　Torrid（Albey Scholl氏：Albey's "Too cool" Reptiles）
- 橘化龍捲風　Tangerine Tornado（Craig Stewart氏：The Urban Gecko）
- 紫頭　Purple Head
  （John Scarbrough氏：GeckoBoa）
- 阿富汗橘　Afghan Tangerine
  （Mateusz Hajdas氏：Ultimate Gecko）
- 地獄　Inferno
  （Pat Kline氏：Luxurious Leopards）
- 辣椒紅　Chili Red
  （須佐利彥，コーラルピクタス湘南）

血

紫頭

血少斑

橘化龍捲風

地獄

血翡翠

阿富汗橘

電

柑橘

辣椒紅

翡翠
Emerald&Emerine

翡翠（Emerald）如同其名，是背部有著整片淡綠色的多基因遺傳品系，由榮恩‧川普所發表。「Emerine」是由Emerald與Tangerine結合而成的造詞，同樣是由川普育成。近年Emerald幾乎沒有流通，Emerine則已廣為普及。Emerine系統內也有讓人懷疑「這算綠色？」的個體，但就算不到完全的綠色，品質夠好的個體看起來至少會是青草色。另外，翡翠與川普白化搭配的個體也由川普命名為「極致翡翠（Extreme Emerine）」。

目前在橘化個體身上，會以「翡翠」來稱呼顯現大面積淡綠色的表現型。另外在為數眾多的橘化系統中，也都能見到翡翠的表現型。由於將翡翠結合橘化會有加強橘色的作用，許多繁殖者因而會將翡翠加進自身的系統之中。就跟橘化一樣，許多繁殖者都在進行著翡翠的品系配種。以下介紹一些例子。

- **賽克斯翡翠**　Sykes Emerine
（Steve Sykes氏：Geckos Etc.）
- **G計畫**　Gproject
（Matt Baronak氏：SaSobek Reptiles）
- **小丑**　Clown
（Matt Baronak氏：SaSobek Reptiles）
- **綠與橘化**　Green&Tangerine
（Mateusz Hajdas氏：Ultimate Gecko）

翡翠

賽克斯翡翠

G計畫

叢林
Jungle
別名　亂紋 Aberrant／設計師 Designers

豹紋守宮身上一般會排列著深色的帶狀花紋，但有時花紋排列會亂掉。

依據亂掉的方式會有不同稱呼，花紋紊亂複雜的表現型就稱為「叢林」。此外叢林亦稱作「亂紋（Aberrant）」或「設計師（Designers）」。嚴格說來尾巴跟身體花紋紊亂的會稱叢林，其中一處紊亂的則稱亂紋，但近年很少聽到亂紋或設計師等名稱，已經全部囊括為叢林了。

叢林那極醒目的特色花紋在幼體時期尤其顯著，但常會隨成長變成群集的細點，或者幾乎淡去。粗紋（Bold）系統所會出現的粗紋叢林、粗直線等花紋比較容易保留下來，必須留意別搞混了。

叢林

亂紋

直線
Stripe

直線如同其名是直條花紋，指在背部兩側並排著2條條狀花紋的表現型，或者指稱由這類個體所打造出的多基因遺傳品系。深色直條花紋就跟叢林一樣，經常會隨個體成長變化成群集的細點，又或者幾乎淡去。諸如橘、綠色調蔚具特色的彩虹直線（Rainbow Stripe，艾伯特・康多里尼〔Alberto Candolini〕，A&M gecko）、以橘色頭部和直線為特徵的賽克斯彩虹（史蒂夫・賽克斯，Geckos Etc.）等系統都很知名。

賽克斯彩虹

反轉直線
Reverse Stripe

反轉直線
川普白化

　　反轉直線是指從脖子根部到尾巴，沿個體脊椎長著一條深色或薰衣草色直線的表現型。由於條狀花紋就如相片負片一般顏色反轉了，故得此名。除了可以在密碼身上看到，也常見附帶於日蝕身上。未伴隨密碼和日蝕的反轉直線，似乎可透過篩選交配、品系配種提升一定的重現度。

紅直線
Red Stripe

　　紅直線的特色是整條脊椎有明亮掉色，在其兩側如描邊般長著深紅或橘色的直條紋。這原本是由品系配種所育成之物，如今則已經結合到許多品種之中，因此「紅直線」這個稱呼比起系名，更常被用來稱呼前述的表現型和多基因遺傳品系。一般而言，寶寶時期多可見深色條紋花樣，但深色部分會隨著成長而淡去，至出生約半年時，紅和橘的線條就會變得明確。紅直線的這項特徵在跟白化結合之際會變明顯，更添美麗。

粗紋
Bold

粗紋

粗直線

Bold就是所謂的粗體字，指粗花紋的黑色表現型或多基因遺傳品系。此外依照花紋的形狀，分別會稱為粗直線、粗紋叢林等。豹紋守宮的黑色帶狀花紋通常會隨成長轉變為群集的細點。但屬於多基因遺傳品系的粗紋，其黑色花紋大多會在成長過程中變成大斑點狀，或者幾乎不會發生變化。另外透過品系配種，有機會能讓花紋更進一步保留原樣，某種程度上也可控制花紋的形狀。而若將粗紋轉為白化，黑色部分就會變成深褐色。

　　粗紋以系統眾多聞名，不僅可以挑花紋，還能跟橘化和日蝕結合等，產生各式各樣的搭配。另外，次頁將會介紹常見的粗紋系統。這些僅是一小部分，相信往後還會再誕生出各式各樣的系統。

粗紋的系統

- **土匪　Bandit**

  頭部花紋清晰，鼻上長著讓人聯想到土匪（Bandit）鬍子的黑條。在土匪系統中，鼻上黑條不完整的稱為粗紋土匪。將土匪系統轉為川普白化的個體顏色尤深，川普將之命名為「肉桂白化」。川普似乎從1990年代前期就已經在繁殖以土匪為基礎的系統。在市面上也能找到稱為「蘇洛土匪」的個體——與川普無關的某繁殖者曾將某一土匪個體命名為「蘇洛」（Zorro），蘇洛土匪即指該個體的後代。這是個廣為普及的系統，已被加進許多粗紋系統之中，有時也會將鼻上有條紋的花紋叫做土匪。

- **萬聖節面具　Halloween Mask**

  （榮恩・川普）

  此系統始於以「萬聖節面具」之名所販售的個體。

- **R2**

  （Robin and Russell Struck：R2 reptiles）

- **GGG**　（Golden Gate Gecko）

- **火焰粗紋　Firebold**

  （在Carlo Maia育成後，由John Scarbrough：GeckoBoa接手的橘化粗紋系統）

  會被拿來搭配阿富汗橘、紅直線、超黃、土匪、守宮基因等，做品系配種。

- **黃金粗紋計畫　Gold Bold project**（John Scarbrough：GeckoBoa）

- **極致粗紋　Extreme Bold**（Pacherp）

- **孟加拉計畫　Bengal project**

  （Ruby Aguin，Bold & Bright Geckos）

  橘化粗紋的系統。

土匪

粗紋土匪

肉桂白化（白化土匪）

萬聖節面具

火焰粗紋

Polygenetic morphs

163

黑化
Melanistic

Melanistic即「黑化」之意，在豹紋守宮外的其他爬蟲類身上，同樣以隱性遺傳的遺傳型態為人所知。但目前在豹紋守宮領域所稱的黑化，全部都是透過品系配種等技術所打造出的多基因遺傳品系。因此除了不同系、不同個體的黑色程度會有差異，若拿來跟非黑化的個體交配，F1個體的黑色會變淡，想再找回黑色，就必須再度重複篩選交配。

下面幾種是以近年常見較知名的系：

- 黑珍珠　Black Pearl
  （KonradWlodarczyk：LivingArtGecko）
- 木炭　Charcoal (JMG Reptile社)
- 碳　Carbon
  （Mateusz Hajdas：Ultimate Geckos）
- 黑夜　Black Night（Ferry Zuurmond：Black Night Leopardgeckos）
- Akoya
  （Lydie Verger：用來稱呼由Didiegecko AFT所育成的系，或是由黑夜、黑珍珠、木炭所配出的黑化）

這些系都屬於多基因遺傳品系，但若跟少斑這類完全不同的品種搭配，也能發揮某種程度的效果，在F1就能獲得偏黑的個體。於此之中，黑夜可說是目前最黑的系，跟其他品種搭配時具有強勁影響力。或許出於此因，當黑夜拿來跟其他品種雜交時，不少後代個體都會冠上「黑夜～」等等的名稱。

黑夜

選育雪花
Line Bred Snow

Line Bred指的就是品系配種，所謂的選育雪花正如同其名，是透過品系配種減少黃色、強調白底色的多基因遺傳雪花品系。因此，其表現幅度相當廣，從單色調到顯現強烈奶油色的都有。Albey's "Too Cool" Reptiles公司所打造的系（通稱Albey's 選育雪花）雖然知名，但由於馬克雪花等會確切遺傳的雪花已成主流，目前市面上已經看不太到了。

選育雪花

薰衣草
Lavender

　　如同其名，是指淡紫色的表現型。將此種表現型固定下來的，以JMG Reptile公司的薰衣草直線系為人所知。這種薰衣草直線呈美麗的淡紫色，長大後某種程度也能保持下來。現階段著眼於薰衣草的品系配種還不多，可以期待往後的發展。

薰衣草直線

石洗紋
Stonewash

　　Stonewash是將牛仔褲跟石頭一起水洗打磨以營造手感的加工技術；石洗紋如同其名，特徵是具有摩擦般的花紋。這是由JMG Reptile公司所育成的系，主要會拿來跟川普白化搭配。根據該公司的傑克・蓋爾伍德（Jeff Galewood）所述，石洗紋也能拿來跟川普白化之外的白化組合，而目前的石洗紋也會使用到該公司橘化系「黑血」裡花紋偏多的個體。上市初期的石洗紋，跟現今冠上石洗紋之名流通的個體，可以看出在表現上有著落差（照片皆為近年流通的個體）。

上：石洗
中：石洗貝爾
下：石洗貝爾

照片提供、拍攝個體◉leopas atelier 中村暢希（上）、STAY REAL GECKO（中、下）

派
Pied

這是身體上會有部分掉色變白的表現型。主要可見於日蝕身上,透過篩選交配,掉色變白的部分似乎可以變得更大片。全日蝕等系以針對「派」的表現進行篩選交配聞名,並有出色的派個體流通於市面上。在豹紋守宮身上還沒有建立起如其他爬蟲類般有著明確遺傳性的派,但已有計畫正在檢驗當中。往後的發展值得期待。

派宇宙

高斑／花崗岩／閃長岩
High Speckled, Granite & Diorite

高斑是指全身如撒胡椒粒般布滿極細斑點花紋的表現型,也稱為花崗岩和閃長岩。另外,目前還沒有精確到足以稱為多基因遺傳品系的個體出現,此詞幾乎都是用來指個體層級的特徵。除了在超級馬克雪花、全日蝕及這些類型跟謎所配出的複合個體等身上可見之外,在莫菲無紋、暴風雪的異合子個體之中也會出現。而在日本國內,還另有安川雄一郎所發表的閃長岩為人所知。這似乎也是跟莫菲無紋有著關連的遺傳,但流通量很少,詳細的遺傳型態尚在研究當中。

高斑

閃長岩

白邊
White side

　　這是從側腹部到臉頰處掉色轉白的表現型,白色部分的面積具有個體差異。少見精確到足以稱為多基因遺傳品系的個體,幾乎都是用來指個體層級的特徵。在白黃及其複合品系身上經常可見,也會從謎等其他品種中出現。

白邊白黃川普白化

蠟筆
Pastel

蠟筆薰衣草

　　蠟筆是由榮恩・川普所育成的多基因遺傳品系。特徵是有著鮮明的色調,在幼體時尤其顯著。在跟白化、白黃、雪花等搭配之際會出現格外美麗的個體。另外,在日本國內流通的個體,不知是受到年紀增長或是低溫所影響,經常會看到色調稍微黯淡的個體。有時也會將無關乎川普系統、在馬克雪花等類型身上所見屬於個體層級的蠟筆色調稱為「蠟筆」,須注意不要混淆了。

悖論
Paradox

悖論

　　「悖論」意為矛盾。在出現大到不可思議的黑點或花紋時,就會這樣稱呼。例如超級馬克雪花表現出黃色斑點、白化身上部分有著如原色般的花樣、摻有紫色等,表現方式相當多種。據信每種悖論都不會遺傳,也不具重現度,因此全是絕無僅有的個體。雖也不能說絕對沒有遺傳性,但幾乎都未曾通過驗證。

167

複合品系
多基因複合品系、選育複合品系
Combo morphs (Polygenetic Combo Morphs & Line Bred Combo Morphs)

橘白化
Tangerine Albino

紅鑽石

橘化 + 白化

這是有著強烈橘色的白化。就像橘化有著各式各樣的系統，橘白化除了常常冠上其核心要素的橘化相關系名，有時也會另外取其他名字。較著名的例子諸如榮恩・川普的橘柚（Tangelo）、卡洛・米耶（Carlo Maia）與盧卡・岡吉尼（Luca Gonzini）所打造的紅鑽石（Red Diamond）、戴夫・李奇（Dave Rich，DC Geckos）的銅（Copper）等系統。橘白化不容易隨著溫度和變老而褪色，大多個體都能維持鮮豔的色調。此外，由於花紋及對比變化繁多，往後或許會再創造出更多的系統。

日焰
Sunglow

日焰

超級少斑橘化蘿蔔尾 + 白化

這最初曾是出自克雷格・史都華（The Urban Gecko）之手的系名，或許因為該系統和名稱已相當普及，近年常會把SHTCT跟白化的組合稱為「日焰」。此外，日焰在過去是指身體上幾乎沒有花紋的個體，如今就算是稍微留有花紋的個體，也常被視為日焰。在使用非川普白化的白化時，亦會稱為貝爾日焰、雨水日焰等。另外，過去這個組合曾一度被稱為「超白化（Hybino）」。

火水
Firewater

火水

超級少斑橘化蘿蔔尾 + 雨水白化

這是由丹・盧賓斯基（Dan Lubinsky，Hot Gecko）所育成的選育複合品系，發表於2006年。有時即使無關乎盧賓斯基的血統，也會單純用「火水」來指超級少斑橘化蘿蔔尾及雨水白化的組合。

168

Combo morphs

雨水紅直線
Raining Red Stripe

雨水紅直線

紅直線 ＋ 雨水白化

　　最初是由傑瑞米・列奇（Jeremy Letkey）所打造的選育複合品系，發表於2005年。表現上是紅直線的雨水白化。有時即使無關列奇培育的血統，也會單純用「雨水紅直線」來指紅直線和雨水白化的組合。

夾心冰棒
Creamsicle

夾心冰棒

馬克雪花 ＋ 超級少斑橘化蘿蔔尾

　　這是JMG Reptile公司所育成的選育複合品系。橘色的超級少斑橘化跟單色調的馬克雪花，乍看是完全相反的組合，卻會生成蠟筆色調的美麗淡橘。年輕個體可以見到白、黃、橘相互輝映，相當吸睛。此外，這也是透過品系配種所育成的品種，因此色調具有個體差異。

雪輝
Snowglow

貝爾雪輝

馬克雪花 ＋ 白化 ＋ 超級少斑橘化

　　特徵是有著蠟筆感的美麗淡橘色。要做出足以稱為「雪輝」的個體，需要跨越數世代的品系配種與篩選交配。若是單純拿馬克雪花、白化、超級少斑橘化來搭配，將很難得出可稱為雪輝的個體。

鬼魂
Ghost

別名　雪花鬼魂

鬼魂

馬克雪花 ＋ 少斑

　　不同於基本品系的鬼魂（P.155），這是由雪花跟少斑結合而成的複合品系。為避免跟基本品系的鬼魂混淆，有時也會稱為「雪花鬼魂」。會生成偏白至檸檬黃的色調。

169

LEOPARD GECKO
Q&A

川普白化複合品系

Tremper Albino Combo Morphs

※此篇將分類介紹因彼此組合而獲得流通名稱（商品名稱）的複合品系中所包含的各類白化。這些流通名稱並不如系名那般嚴謹，單純只是當成組合的名稱來使用（也有許多繁殖者會刻意不使用這些名稱）。

暴龍
RAPTOR

暴龍

川普白化 + 日蝕

暴龍是由榮恩・川普所發表的，簡稱原本就是取自R（Red Eye紅眼）、A（Albino白化）、P（Patternless無紋）、T（Tremper川普）跟OR（Orange橘）。此無紋並不是莫菲無紋，而是透過品系配種所得出的無紋。最初流通的暴龍個體如同其名，有著一身橘和紅色眼睛，教人印象深刻。不過，如今即使是單純由川普白化和日蝕組合而成、留有花紋的個體，也會被當成暴龍流通。在豹紋守宮的複合品系中，最初所提出的標準經常都會在流通過程中逐漸簡化。順帶一提，在暴龍的原始定義中，日蝕的異合子個體曾被定義為「Aptor」，但如今已經幾乎不會聽到了。

超級暴龍
SuperRAPTOR

超級暴龍

超級馬克雪花 + 川普白化 + 日蝕（超級馬克雪花 + 暴龍）

超級暴龍的「超級」，是超級馬克雪花的簡稱。在複合品系的名稱中，很多時候都會把超級馬克雪花簡稱為超級。另外，超級暴龍在孵化時全身白色，但花紋隨成長某種程度上會變得清晰可見。牠們也可再進一步定位為白化全日蝕，在鼻尖和尾巴尖端可見帶狀條紋。

餘燼
Ember

餘燼

川普白化 + 日蝕 + 莫菲無紋（暴龍 + 莫菲無紋）

受莫菲無紋影響，必定會一身黃的個體。

雪花片
Snowflake

雪花片

馬克雪花 + 川普白化 + 日蝕 + 莫菲無紋（馬克雪花 + 餘燼）

Combo morphs

白化暴風雪
Blazing Blizzard

白化暴風雪

透過結合白化，來讓暴風雪的白色更加顯著。若不是使用川普白化，而是結合貝爾白化，就會稱為「貝爾白化暴風雪」。

惡魔白酒
Diablo Blanco

惡魔白酒

暴風雪 + 川普白化 + 日蝕（暴風雪 + 暴龍）

純白體色配上紅色瞳眸，令人印象深刻的複合品系。另外，此類型所出現的日蝕眼，會很難判斷究竟是來自日蝕還是暴風雪。

新星
Nova

新星

川普白化 + 日蝕 + 謎（謎 + 暴龍）

這是結合了謎的品種，因此身上出現的斑點大小、數量、體色等都有程度差異。

超新星
Super Nova

超新星

超級馬克雪花 + 川普白化 + 日蝕 + 謎（超級馬克雪花 + 謎 + 暴龍）

甜甜圈
Dreamsickle

甜甜圈

馬克雪花 + 川普白化 + 日蝕 + 謎（馬克雪花 + 新星）

幽靈
Phantom

幽靈

奧本雪花 + 川普白化 + SHTCT（奧本雪花 + 日焰）

現在有時也會將留有花紋的奧本雪花+川普白化當成幽靈流通。

貝爾白化複合品系

Bell Albino Combo Morphs

雷達
Radar

雷達

貝爾白化 + 日蝕

　　雷達就像是將暴龍的川普白化換成貝爾白化,但最初流通時即使不是無紋的個體,好像也會稱之為雷達。貝爾白化的日蝕眼,比起川普白化或雨水白化的紅色更是鮮豔,身處低溫環境也不太會變黑。

超級雷達
Super Radar

超級雷達

超級馬克雪花 + 貝爾白化 + 日蝕(超級馬克雪花 + 雷達)

　　相較於超級暴龍,大多數個體都大略帶有淡紫色至粉紅色,在幼體時期尤其顯著。

隱身／聲納
Stealth & Sonar

隱身

謎 + 馬克雪花 + 貝爾白化 + 日蝕(謎 + 馬克雪花 + 雷達)

　　「隱身」這個稱呼最初是用來指馬克雪花雷達,如今則還會用來稱呼馬克雪花雷達再加上謎的個體。後者還有「聲納」之名,源自克雷格・史都華(Craig Stewart,The Urban Gecko),應是要跟指馬克雪花雷達的「隱身」做區別所取的名稱。

超級隱身
Super Stealth

超級隱身

謎 + 超級馬克雪花 + 貝爾白化 + 日蝕(謎 + 超級馬克雪花 + 雷達)

方解石
Calcite

白黃 + 謎 + 馬克雪花 + 貝爾白化 + 日蝕（白黃 + 隱身）

白騎士
White Knight

暴風雪 + 貝爾白化 + 日蝕（暴風雪 + 雷達）

　　白騎士英文的Knight乍聽之下跟黑夜的Night很像，但前者意為騎士，後者是夜晚，不要搞混了。

吸血
Bloodsucker

謎+貝爾白化+馬克雪花

　　這個名稱在日本國內經常可見，在國外則找不到。看似有毒的外觀讓人印象深刻。

極光
Aurora

白黃 + 貝爾白化

紅眼謎
Redeye Enigma

謎 + 貝爾白化

　　在謎跟貝爾白化的組合中經常出見，特徵是不帶日蝕的紅色虹膜。

雨水白化複合品系

Rainwater Albino Combo Morphs

颱風
Typhoon

雨水白化 + 日蝕

相較於雷達，眼睛為深葡萄色。

超級颱風
Super Typhoon

超級馬克雪花 + 雨水白化 + 日蝕（超級馬克雪花 + 颱風）

有些個體乍看一身白，但其實花紋並沒有消失，只是跟底色融為一體了。

氣旋
Cyclone

莫菲無紋 + 雨水白化 + 日蝕（莫菲無紋 + 颱風）

水晶
Crystal

謎 + 馬克雪花 + 雨水白化 + 日蝕（謎 + 馬克雪花 + 颱風）

超級水晶
Super Crystal

謎 + 馬克雪花 + 雨水白化 + 日蝕（謎 + 超級馬克雪花 + 颱風）

不含白化的複合品系

Combo morphs

Other Combo Morphs

日蝕謎
BEE

謎 + 日蝕

　　BEE是Black Eyed Enigma（黑眼謎）的縮寫，蛇眼等非全黑眼的表現有時也會使用這個稱呼。

大麥町
Dalmatian

超級馬克雪花 + 謎

　　身上斑點受謎的影響變得不規則，也常見變得細碎的個體。Dalmatian是指狗的品種「大麥町」，許多大麥町守宮個體都長著讓人聯想到這種狗的花紋。

黑洞
Black Hole

馬克雪花 + 謎 + 日蝕

　　孵化時身上的大片深色相當醒目，但大致上會隨著成長變成細點。

全日蝕／銀河
Total Eclipse & Galaxy

超級馬克雪花 + 日蝕

　　全日蝕跟銀河，有些個體乍看酷似超級馬克雪花，但大致上都會因日蝕的影響，使鼻

尖、尾巴尖端、手腳或是腹部掉色轉白。現已知也有針對這種派（Pied）表現來篩選交配的個體。

銀河最初是由榮恩·川普所命名，最初在日本發表的個體，身上有著黃色的悖論斑點，川普曾說明這就是銀河的一個特徵。然而這個悖論斑點並不會遺傳，以銀河之名流通的個體，身上大多都沒有悖論斑點。到了最後，銀河看起來跟全日蝕根本沒有太大的差異，因此超級馬克雪花＋日蝕的組合就同時使用著這兩者的稱呼。若要嚴格區分，或許應將川普的血緣稱為銀河，其他則稱為全日蝕。

宇宙
Universe

超級馬克雪花 ＋ 日蝕 ＋ 白黃（全日蝕或銀河 ＋ 白黃）

除了斑點受白黃影響而變得不規則的個體外，也會見到斑點幾乎消退的個體。身上有著明確的白邊相當醒目。

白金／超級白金
Platinum&Super Platinum

馬克雪花 ＋ 莫菲無紋或超級馬克雪花 ＋ 莫菲無紋

這被稱為白金或超級白金。有時也會將超級馬克雪花＋莫菲無紋會稱為Platina或Platinum。超級馬克雪花＋莫菲無紋＋日蝕有時也會被當成超級白金，因此在為繁殖而購買時，有必要好好確認個體所複合的內容。

香蕉暴風雪
Banana Blizzard

莫菲無紋 ＋ 暴風雪

香蕉暴風雪原本是指這個組合。但有時也會將單純偏黃的暴風雪稱為香蕉暴風雪，必須留意不要混淆了。

野生型

Wild Type

野生型的詳情請參考品種篇P.112～119「品種是怎麼劃分的呢？」。豹紋守宮的亞種分類有許多模糊地帶，要判斷是純種或經過雜交也很困難。不妨將市面上流通的野生型視為冠上了亞種名稱的一個類型。

一般豹紋守宮

一般豹紋守宮
Macularius
別名　旁遮普

　　一般豹紋守宮是野生型的一種，也就是豹紋守宮的指名亞種*Eublepharis macularius macularius*。而此指名亞種的模式產地（學術記錄時，原始標本個體的採樣地點）是巴基斯坦旁遮普省，因此也稱為旁遮普。*Macularius*擁有典型的豹紋守宮外觀，相較於其他野生型，在黃色強勁的底色上散布著黑點。因此，普遍認為「高黃」的基礎就是*Macularius*。另外，*E. m. macularius*的分布區域遼闊，體色和花紋生長方式都有著各類變化。因此就算以*Macularius*之名流通，外觀還是可能長得不太一樣。

　　豹紋守宮隨著F2、F3、F4……逐代演進，體色傾向轉為明亮，全野生型可說皆是如此。因此，非以*Macularius*之名流通的野生型，有時也可見到色調稱得上是高黃的個體。

山地豹紋守宮
Montanus
別名　Monten

山地豹紋守宮

*Montanus*是野生型的一種，也就是亞種e.

m. montanus，英文亦稱其為Monten。過去尚有野生採集此種個體在日本流通時，外觀上個體底色與其說黃色，不如說更接近褐或黑褐色那般偏黑的顏色；斑點很多，有時候會連在一起。如今流通的山地豹紋守宮，則以馬克雪花那般偏白淡色調的個體為主流。白色山地的系統，較知名的包括蓋博‧科薩系（Gabor Kosaline）等。這類白色的野生型，在跟馬克雪花等以白色為基調的品種交配時，將可獲得更白的個體。

帶斑豹紋守宮
Fasciolatus
別名　Fasciolatus

帶斑豹紋守宮

*Fasciolatus*是野生型的一種，也就是亞種 *E. m. Fasciolatus*，亦可用Fasciolatus指稱。相較於其他野生型，牠們底色是淡黃色，長著粗大斑點。而在深色帶狀部分的邊緣，斑點會以條紋狀至虛線狀連起，帶狀斑紋部分經常留有淡紫色。

阿富汗豹紋守宮
Afghanicus
別名　Afghan

阿富汗豹紋守宮

*Afghanicus*是野生型的一種，也就是亞種 *E. m. Afghanicus*，英文亦稱其為Afghan。豹紋守宮的亞種分類有許多界線不明之處，其他亞種有時只是顏色變化上的程度就被當成單一類型，但本亞種的特徵相當明確。學術上的阿富汗亞種體型比其他野生型小隻，雄性成體也只有16cm左右，目前在全球流通的個體大多承襲了這項特徵。此外，其以深黃色為底色，帶狀斑紋部分也容易跟底色同色，而非紫色。斑點的顏色很深，常跟帶狀斑紋部分相連，或以環繞著頭部後緣的方式相連。另外，在日本以阿富汗之名流通的個體，可以看到偏白的大隻個體，跟前述特徵並不一致。因為這並不是以學術上亞種的特徵，而是採用親代野生採集個體的流通名稱（商品名稱）為命名基準。

其他守宮同類

Other Eublepharidae 07

　　豹紋守宮所屬的守宮亞科，除了豹紋守宮之外，還包含著以下的族群和物種。此處將會介紹容易透過寵物管道取得、飼養難度僅次於豹紋守宮的「美國守宮屬」、「亞洲守宮屬」、「東洋守宮屬」、「半爪守宮屬」中的部分物種。若想認識此處未刊載的物種，或想對各物種深入了解的人，請見《探索壁虎大圖鑑守宮篇》（暫譯，誠文堂新光社）。

　　另外，豹紋守宮就算放眼全體爬蟲類，也是相當好養的「特殊」物種。大多爬蟲類的飼養和繁殖都不如豹紋守宮輕鬆，很多爬寵也不適合以互動為目標的賞玩飼養。此處介紹的其他守宮類也不例外，大部分都無法像豹紋守宮那般飼養。飼養時請留意這一點，並且用心掌握欲飼養物種的特徵。

伊朗豹紋守宮

LEOPARD GECKO Q&A

守宮亞科所囊括的屬和種

貓守宮屬 *Aeluroscalabotes*
- 貓守宮　*Aeluroscalabotes felinus*
  - 馬來西亞貓守宮　*Aeluroscalabotes felinus felinus*
  - 條背貓守宮　*Aeluroscalabotes felinus multituberculatus*

馬來西亞貓守宮

美國守宮屬 *Coleonyx*
- 德州帶紋守宮　*Coleonyx brevis*
- 猶加敦帶紋守宮　*Coleonyx elegans*
  - 亞種猶加敦帶紋守宮　*Coleonyx elegans elegans*
  - 柯利馬帶紋守宮　*Coleonyx elegans nemoralis*
- 黑帶紋守宮　*Coleonyx fasciatus*
- 聖馬可斯島赤足帶紋守宮　*Coleonyx gypsicolus*
- 中美帶紋守宮　*Coleonyx mitratus*
- 網斑帶紋守宮　*Coleonyx reticulatus*
- 斯威塔克帶紋守宮　*Coleonyx switaki*
- 西部帶紋守宮　*Coleonyx variegatus*
  - 亞種西部帶紋守宮　*Coleonyx variegatus variegatus*
  - 聖地牙哥帶紋守宮　*Coleonyx variegatus abbotti*
  - 索諾拉帶紋守宮　*Coleonyx variegatus sonoriensis*

德州帶紋守宮

亞洲守宮屬 *Eublepharis*
- 伊朗豹紋守宮　*Eublepharis angramainyu*
- 大王守宮　*Eublepharis fuscus*
- 東印度豹紋守宮　*Eublepharis hardwickii*
- 豹紋守宮　*Eublepharis macularius*
  - 一般豹紋守宮　*Eublepharis macularius macularius*
  - 阿富汗豹紋守宮　*Eublepharis macularius afghanicus*
  - 帶斑豹紋守宮　*Eublepharis macularius fasciolatus*
  - 山地豹紋守宮　*Eublepharis macularius montanus*
  - 印度豹紋守宮　*Eublepharis macularius smithi*
- 彩繪豹紋守宮　*Eublepharis pictus*
- 中印度豹紋守宮　*Eublepharis satpuraensis*
- 土庫曼豹紋守宮　*Eublepharis turcmenicus*

大王守宮

東洋守宮屬　*Goniurosaurus*

- 越南豹紋守宮　*Goniurosaurus araneus*
- 霸王嶺守宮　*Goniurosaurus bawanglingensis*
- 吉婆島守宮　*Goniurosaurus catbaensis*
- 誠正守宮　*Goniurosaurus chengzheng*
- 格致守宮　*Goniurosaurus gezhi*
- 廣東守宮　*Goniurosaurus gollum*
- 海南洞穴守宮　*Goniurosaurus hainanensis*
- 友蓮守宮　*Goniurosaurus huuliensis*
- 嘉道理守宮　*Goniurosaurus kadoorieorum*
- 龍宮洞穴守宮　*Goniurosaurus kuroiwae*
  - 黑岩洞穴守宮　*Goniurosaurus kuroiwae kuroiwae*
  - 馬達拉洞穴守宮　*Goniurosaurus kuroiwae orientalis*
  - 慶良間洞穴守宮　*Goniurosaurus kuroiwae sengokui*
  - 伊平屋洞穴守宮　*Goniurosaurus kuroiwae toyamai*
  - 久米洞穴守宮　*Goniurosaurus kuroiwae yamashinae*
  - 與論島洞穴守宮　*Goniurosaurus kuroiwae yunnu*
- 光華守宮　*Goniurosaurus kwanghua*
- 廣西守宮　*Goniurosaurus kwangsiensis*
- 荔枝守宮　*Goniurosaurus liboensis*
- 中國洞穴守宮　*Goniurosaurus lichtenfelderi*
- 中國豹紋守宮　*Goniurosaurus luii*
- 中華守宮　*Goniurosaurus sinensis*
- 亮守宮　*Goniurosaurus splendens*
- 南嶺守宮　*Goniurosaurus varius*
- 英德守宮　*Goniurosaurus yingdeensis*
- 蒲氏守宮　*Goniurosaurus zhelongi*
- 周氏守宮　*Goniurosaurus zhoui*

越南豹紋守宮

肥尾守宮

半爪守宮屬　*Hemitheconyx*

- 肥尾守宮　*Hemitheconyx caudicinctus*
- 東非肥尾守宮　*Hemitheconyx taylori*

全趾虎屬　*Holodactylus*

- 白眉守宮　*Holodactylus africanus*
- 索馬利亞守宮　*Holodactylus cornii*

白眉守宮

美國守宮屬
Coleonyx

本屬的部分物種在流通上相較穩定。比起豹紋守宮，美國守宮身形更為細長，能做出像貓一般的柔軟動作。同個「屬」的物種在飼養上有許多共通點，但本屬內的物種棲息環境差異甚鉅，因此必須留意飼養方法。此處介紹日本較容易取得的3個物種。

德州帶紋守宮
Coleonyx brevis

德州帶紋守宮

全長：約9cm
分布：美國、墨西哥

德州帶紋守宮在市面上流通的守宮類中，屬於特別小型的物種。他們棲息於乾燥的半沙漠地帶。幼體時有著深色和黃褐色的帶狀花紋，成體時帶紋會變得不明確，斑紋則變得顯眼。肌膚質感比豹紋守宮細緻，尾巴可以儲存一定的養分。CB個體流通較多，已經長大的個體都很強壯，可以輕鬆飼養；WC個體則經常狀況不佳，飼主很難養得起來。飼養WC時，最好選擇尾巴並未明顯變得消瘦的個體。寶寶時期可以餵食約二齡尺寸的蟋蟀，但要注意餵太多反而會導致吐食。

中美帶紋守宮
Coleonyx mitratus

中美帶紋守宮

全長：約16cm
分布：薩爾瓦多、宏都拉斯、尼加拉瓜、哥斯大黎加、瓜地馬拉

本品種CB、WC個體在日本都會以低價流通。他們棲息於潮濕的森林等環境。尾巴部分不太能儲存養分，而且不耐乾燥，飼養時必須注意濕度。幼體長著深色和黃褐色的帶狀花紋，隨著成長體色會變明亮，花紋則會變得碎散。從花紋和發色能看出個體差異，可以找找看符合喜好的個體，應該會很有趣。挑選WC之際，要選擇尾巴夠粗、膚質夠好的個體。

西部帶紋守宮
Coleonyx variegatus

西部帶紋守宮

西部帶紋守宮「輕白化（Leucistic）」

全長：約11cm

分布：美國、墨西哥

　　西部帶紋守宮的外觀就像是大一號的德州帶紋守宮，寶寶也很神似後者，但從成體的斑紋大小等處可以看出兩者差異。牠們棲息於乾燥的半沙漠地帶。雖有亞種但不易辨別，也已經確認到牠們有雜交的個體。CB個體較有在日本市面上流通，已經長大的個體都很強壯，也容易飼養。除此之外，西部帶紋守宮也以名為「輕白化（Leucistic）」的品種聞名。不少WC都是狀態不佳的個體，飼養起來會有難度。在飼養WC時，最好選擇尾巴粗壯的個體。寶寶時期可餵三齡蟋蟀等，但要注意餵太多也會導致吐食。

美國守宮的飼養方法

　　此處介紹上述這3個美國守宮屬物種的飼養方法。

• 飼養箱

　　底面積約抓飼養個體全長的1.5～2倍×1～1.5倍，高度則約1～1.5倍。使用具透氣性、可蓋緊的飼養箱。只要在高度足夠的飼養箱內以流木或軟木來做造景，就能在夜間觀察到牠們的立體範圍的活動。

• 溫度、濕度

　　德州帶紋守宮和西部帶紋守宮的環境，都跟豹紋守宮一樣即可。若能設有日夜溫差就能養出很好的狀態，但就算只使用板狀加溫器來保溫，其實也能夠飼養牠們。

　　中美帶紋守宮的部分，溫度應維持於28℃左右、濕度80%左右。須透過潮濕躲避屋、底材等來控制濕度，並且要小心悶熱和低溫。

• 底材

　　德州帶紋守宮和西部帶紋守宮，推薦使用偏細的赤玉土等土類。亦可配合室內環境混入椰纖土等，以免過度乾燥。

　　中美帶紋守宮的部分，弄濕的赤玉土等土類、椰纖土、腐葉土等底材都會便於飼主控管濕度，不妨將這些混合起來，打造出易於管理的用土。但要小心別變成過度濕糊的狀態。

• 躲避屋

　　務必要設置躲避屋。德州帶紋守宮和西部帶紋守宮只設置乾燥躲避屋也沒問題。

　　中美帶紋守宮的部分，使用潮濕躲避屋會更便於管理濕度。

• 食物、水

　　使用跟豹紋守宮相同的食物和水，並配合個體來調整食物的尺寸。蟋蟀類在易於消化和尺寸等層面上都很好用。從寶寶到青年期會需要小塊一點的食物，因此不妨使用活餌。德州帶紋守宮和西部帶紋守宮每天要用噴霧器供水一次。

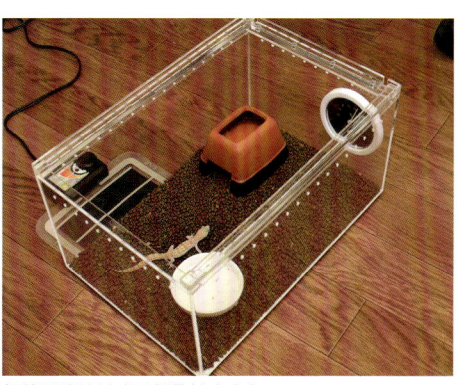

飼養環境範例（西部帶紋守宮）

亞洲守宮屬
Eublepharis

　　豹紋守宮所屬的亞洲守宮屬，有不少同類都在日本的寵物管道流通，在2023年的此刻，除了從東印度豹紋守宮分家的彩繪豹紋守宮（*Eublepharis pictus*）之外的品種流通量都不低。不過，除了豹紋守宮及其亞種之外都相較昂貴，飼養條件也稱不上能跟豹紋守宮相通。此處介紹能透過寵物管道取得的幾個類型。另外，豹紋守宮的亞種請見P.177～P.178。

伊朗豹紋守宮
Eublepharis angramainyu

全長：約30cm
分布：伊朗、伊拉克、敘利亞、土耳其

　　這個物種比豹紋守宮還要大型，並且成長到性成熟相較需要花費更長的時間。飼養時必須維持適當體型，要避免過胖。幼體長著讓人聯想馬克雪花豹紋守宮般的黑白帶狀花紋，但隨著成長會轉為不清晰的褐色和奶油色帶狀花紋，看起來就像斑紋一般。已知伊朗豹紋守宮有數個產地，不少玩家都樂於蒐集。往後可能還會再有更多產地的個體流通。

　　以下介紹主要流通的類型。另外，伊朗豹紋守宮的體型大致上比豹紋守宮還要細長，牠們的四肢較長，花紋和體色會因產地而有所差異。來自古札斯坦、喬高・桑比爾的流通個體，體型比其他產地更接近豹紋守宮，而且頭寬、體寬也明顯較其他產地還大，感覺起來很有分量，四肢也很短。

- 伊蘭　Ilam Province
- 可曼沙　Kermanshah Province
- 古札斯坦　Khuzestan Province
  - 喬高・桑比爾（Chogha Zanbil）
    喬高・桑比爾的體型也被稱為「低地型」，其原產地的海拔比其他產地還要低。
  - 馬斯吉德・蘇萊曼（Masjed Soleyman）
    馬斯吉德・蘇萊曼的原產地海拔，在古札斯坦省中高於喬高・桑比爾，是被稱為「高地型」的細長體型。
- 法斯　Fars Province

伊朗豹紋守宮「伊蘭」

伊朗豹紋守宮「伊蘭」（年輕個體）

伊朗豹紋守宮「可曼沙」

伊朗豹紋守宮「古札斯坦／喬高・桑比爾」

伊朗豹紋守宮「古札斯坦／馬斯吉德・蘇萊曼」

伊朗豹紋守宮「法斯」

伊朗豹紋守宮「法斯」（年輕個體）

卵的尺寸比較。豹紋守宮（上）和伊朗豹紋守宮（下）

大王守宮

Eublepharis fuscus

大王守宮

全長：約25cm

分布：印度

在日文中稱「大王守宮」。在進入日本市場流通前的尺寸最大達40cm，曾被稱為屬內最大物種，但實際上牠們只是中型程度的物種。皮膚質感比豹紋守宮滑溜，虹膜顏色深，體型也具有差異。幼體時在深色身體上長著黃褐色帶狀花紋，深色部分會隨成長變化成斑紋聚群狀，帶狀花紋的部分也會顯現斑紋。

185

東印度豹紋守宮

Eublepharis hardwickii

全長：約22cm

分布：印度、孟加拉

　　深色身體上可見黃褐色的帶狀花紋，頭部長著描邊般的白色花紋。相較於其他亞洲守宮屬的其他物種，花紋在變成成體之後也不太會發生變化。虹膜顏色也比許多物種明顯偏深，經常是呈現出黑眼睛。牠們相較於其他物種，似乎喜歡稍微具有濕度的環境，但不需要像東洋守宮屬那麼濕。

東印度豹紋守宮

中印度豹紋守宮

Eublepharis satpuraensis

全長：約25cm

分布：印度

　　比起豹紋守宮，中印度豹紋守宮的體型感覺起來稍微細長一些。外觀剛好介於豹紋守宮和伊朗豹紋守宮之間。幼體時牠們身上可見深色及黃褐色的帶狀花紋，但也跟豹紋守宮一樣會隨著成長顯現斑紋並逐漸發生變化。飼養時最好避免體型過胖。

中印度豹紋守宮

土庫曼豹紋守宮
Eublepharis turcmenicus

全長：約23cm
分布：俄羅斯、吉爾吉斯、土庫曼、伊朗

土庫曼豹紋守宮跟豹紋守宮兩者最為近緣，外觀也很相似。相較於豹紋守宮，前者體色的黃偏淡，斑紋則稍微大塊，身形細長苗條。不過，土庫曼豹紋守宮也跟豹紋守宮一樣，經常會有肥胖個體流通，而且常會碰到推測曾跟豹紋守宮雜交的個體，要辨別兩者並不容易。

土庫曼豹紋守宮

亞洲守宮的飼養方法

此處介紹上述物種的飼養方法。

• 飼養箱

底面積約抓飼養個體全長的1.5～2倍×1～1.5倍，高度則約1～1.5倍，使用可蓋緊的飼養箱。只要在高度足夠的飼養箱內以流木或軟木來做造景，就能在夜間觀察到牠們的立體範圍的活動。

• 溫度、濕度

可以參照豹紋守宮的條件。但東印度豹紋守宮和中印度豹紋守宮的濕度要再稍微拉高，並且長期設置潮濕躲避屋。不過，並不需要像東洋守宮屬那麼濕。

• 底材

本屬物種除了豹紋守宮之外，都不推薦用寵物尿墊和廚房紙巾來飼養。使用赤玉土等土類、椰纖土等等有助於控制濕度的底材類型為佳。

• 躲避屋

可以參照豹紋守宮所使用的類型，務必要設置躲避屋。若能同時設置潮濕躲避屋和乾燥躲避屋也不錯。

• 食物、水

食物和水都可以跟豹紋守宮的相同。有些個體對冷凍餌料和人工飼料反應遲鈍，因此不妨使用活餌。跟豹紋守宮一樣，須留意不要餵到過胖。

東洋守宮屬
Goniurosaurus

本屬物種較豹紋守宮更偏好潮濕和略低的溫度，而且不推薦飼主上手賞玩。牠們並不適合像豹紋守宮那樣以互動為目的來飼養，不妨更加著重於欣賞牠們那具有異國風情的外觀和生態吧。

東洋守宮屬的所有物種都受到《華盛頓公約》（CITES，瀕臨絕種野生動植物國際貿易公約）所規範，跨國交易受到管制。過去曾有廉價的WC流通於日本市面，但經常會碰到狀態不佳的個體。現今流通的幾乎都是CB個體，雖然狀態良好，但相較之下顯得昂貴。此外，能穩定流通的品種已經變得相當有限。此處將介紹流通穩定、容易取得的2個物種。

另外，棲息於日本的龍宮洞穴守宮及其亞種亮守宮被列為日本的「縣指定天然紀念物」及「國內稀少野生動植物物種」（根據有滅絕之虞野生動植物物種之相關保育法律），無法進行出於興趣的飼養，當然也不可以捕捉牠們。日本國內品種的棲息環境，可以當成飼養本屬其他物種時的參考，因此有興趣的人，不妨實際前往當地看看。因為有些場所會禁止入內，而且可能不太好找，因此推薦找熟悉當地的嚮導同行。

黑岩洞穴守宮。名列「天然紀念物」，不可捕捉或飼養

霸王嶺守宮
Goniurosaurus bawanglingensis

霸王嶺守宮

全長：約15cm
分布：中國

幼體呈現鮮豔的橘色，帶狀花紋很明確。體色會隨成長轉為深褐色，帶狀花紋也會模糊掉，變成斑紋散布的模樣。相較於本屬其他物種，霸王嶺守宮必須在略微乾燥的環境下才能飼養。只要環境到位，要飼養牠們並不困難。

海南洞穴守宮
Goniurosaurus hainanensis

海南洞穴守宮

海南洞穴守宮「白化」

全長：約16cm
分布：中國

幼體時體色是深色，有白至橘色的帶紋。有些個體的帶紋會隨成長變得不明確。海南洞穴守宮在本屬中最為流通，要取得也不難。偶爾還有白化個體流通。或許因容易取得，開始被當成豹紋守宮的延伸來飼養，常見因採用錯誤飼養方式（尤其是濕度和溫度）而被害死。但只要環境到位，要飼養牠們並不困難。

東洋守宮的飼養方法

此處介紹本屬上述2個物種以CB個體為標準的飼養方法。若是WC的話，就需要考慮飼養箱的大小、溫度、濕度等環境狀況。本屬的所有物種都不適合像豹紋守宮般以互動為目的來飼養。

• 飼養箱

底面積約抓飼養個體全長的1.5～2倍×1～1.5倍，高度則約1～1.5倍為佳。由於牠們不耐悶熱，必須選擇透氣性佳、可加蓋的飼養箱。基於濕度和透氣性等因素，也可以使用偏大的飼養箱。

• 溫度、濕度

大致標準約是溫度24～26℃、濕度80～90%。過度乾燥和高溫會導致牠們拒食和脫皮不全。相較於海南洞穴守宮，霸王嶺守宮就算稍微乾燥也可以飼養。

• 底材

不推薦用寵物尿墊和廚房紙巾來飼養。建議選擇椰纖土、腐葉土等較能控制濕度的底材。亦可按需求混合赤玉土等。可以不要全部都弄濕，讓一部分保持偏乾，讓生物自行選擇環境也不錯。

• 躲避屋

必須要有躲避屋。不妨合併設潮濕躲避屋和乾燥躲避屋。相較於豹紋守宮，牠們白天幾乎都不會離開躲避屋。若能設置漂流木或軟木等，就能在夜間觀察到牠們在立體範圍活動的模樣。

• 食物、水

推薦使用蟋蟀類。跟豹紋守宮一樣，需要餵養餌食並且撒上鈣粉。有些個體不願意從鑷子吃東西，因此可在關燈前放入活餌。有時不太能吃大塊食物，因此相較於豹紋守宮，要使用對飼養個體來說偏小的蟋蟀類。

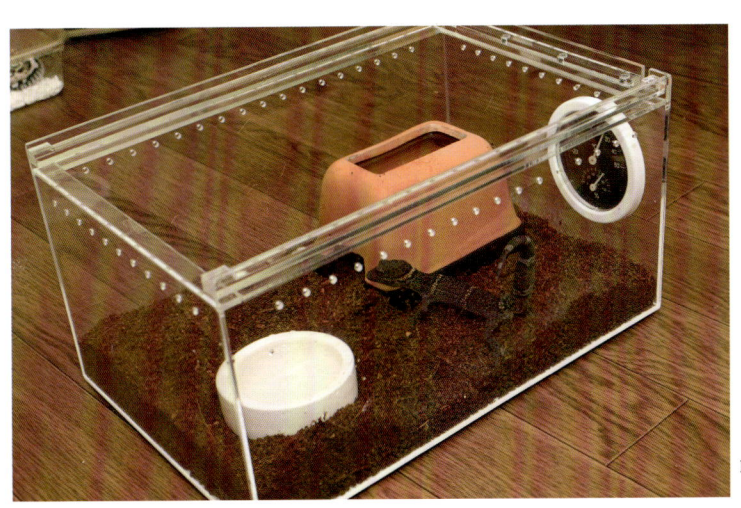

飼養環境範例
（海南洞穴守宮）

半爪守宮屬
Hemitheconyx

　　本屬包含肥尾守宮和東非肥尾守宮。東非肥尾守宮的流通量很少，也稱不上容易飼養，因此在本書決定割愛不加以介紹。

肥尾守宮
Hemitheconyx caudicinctus

肥尾守宮
肥尾守宮「白化」
肥尾守宮「立可白」（White Out）

全長：約21cm

分布：喀麥隆、奈及利亞、塞內加爾、多哥、馬利、象牙海岸、甘比亞、貝南、布吉納法索、尼日、迦納、蓋亞那、獅子山共和國

　　肥尾守宮是守宮類中僅次於豹紋守宮的熱門物種，同樣有著許多品種。不同於豹紋守宮，肥尾守宮至今仍有大量WC流通。就跟其他爬蟲類一樣，肥尾守宮WC和CB個體的飼養難度同樣有著極大差距。WC雖然比CB便宜，若是要接在豹紋守宮後面飼養，還是選擇CB比較保險。WC除了常碰到奇怪外觀的個體，各產地的體型和體色應該也都有落差。不妨認真觀察一下。

肥尾守宮的飼養方法

　　此處介紹肥尾守宮的飼養方法。在守宮類之中，牠們是僅次於豹紋守宮的熱門物種。如果是CB個體，也是排在豹紋守宮後推薦飼養的物種。

• **飼養箱**

　　底面積約抓飼養個體全長的1.5～2倍×1～1.5倍，高度則約1～1.5倍為佳。

• **溫度、濕度**

　　以溫度約30℃，濕度約60％為參考基準。必須比豹紋守宮更加高溫與潮濕。

• **底材**

　　若是CB個體，可以採取廚房紙巾當底材、使用潮濕躲避屋來管理濕度的飼養型態；WC的話，由於會對濕度變化較為敏感，推薦使用椰纖土、腐葉土、赤玉土等方便控管濕度的底材。

• **躲避屋**

　　必須有潮濕躲避屋。亦可一併設置乾燥躲避屋。

• **食物、水**

　　食物和水的餵養可以跟豹紋守宮相同。

飼養環境範例

謝 辭

感謝在撰寫本書的過程中鼎力協助的專賣店、各方繁殖者、川添宣廣；讓我一頭栽進豹紋守宮繁殖最大的契機——寺尾佳之、川口晃司；各位前輩、朋友。以及雖然我總彷彿只想著這些生物的事，卻仍支持著我的太太，還有不論多久都不會膩，帶給我無窮樂趣及邂逅的豹紋守宮們。借此處向所有人致上深深的謝意。

Profile 簡介

著 ● 中川 翔太 SYOTA NAKAGAWA

生於日本香川縣。以商號「豹紋堂」從事繁殖者活動。SBS四國Breeders Street事務局長。2003年起亦擔任「Leopard Gecko Festival」（通稱Leopa Fes）事務局長。因大學時期朋友照顧一隻豹紋守宮，以及在繁殖俱樂部市集遇見了許多朋友和生物，而開始投入繁殖者活動。2017年如願創辦了四國首見的爬蟲類交流活動SBS（四國Breeders Street）。無比喜愛「土匪」。除豹紋守宮之外，也飼養著種類型廣泛的小型壁虎類、蜥蜴類或龜類等。

SBS官網 × https://4breedersstreet.jp/　　LeopardGeckoFestival X：@LeopardGeckoFes
豹紋堂 X & Instagram：@hachu260303

攝影 ● 川添 宣広 NOBUHIRO KAWAZOE

生於1972年。自早稻田大學畢業後，於2001年獨立執業（E-mail：novnov@nov.email.ne.jp）。以爬蟲、兩棲類專業雜誌《CREEPER》為首，曾經手《日本爬蟲類、兩棲類生態圖鑑》、《日本的爬蟲類、兩棲類野外觀察圖鑑》、《日本的蠑螈》、《豹紋守宮品種圖鑑》（皆暫譯，誠文堂新光社）等，以及《爬蟲類、兩棲類1800種圖鑑》（暫譯，三才ブックス）等大量相關書籍和雜誌。

Books for reference 參考文獻

【參考網站（依字母排序）】

BC-reptiles Eublepharis Facebook
BMT Reptile Group (Facebook)
CoolLizard.com http://coollizard.com
CsytReptiles http://www.csytreptiles.com
DC Geckos https://www.dcgeckos.co.uk
DER LEOPARDGECKO https://www.der-leopardgecko.de
Gecko Time https://geckotime.com
Geckoboa https://www.geckoboa.com
GeckosEtc.com https://geckosetc.com
Impeccable Gecko https://www.impeccablegecko.com
JBReptiles https://jeremiebouscail.wixsite.com
JMG Reptile http://www.jmgreptile.com
Leopard Gecko Wiki http://www.leopardgeckowiki.com
LEOPARDGECKO.COM http://www.leopardgecko.com
Planet Morph http://planetmorph.weebly.com
Ray Hine Reptiles UK http://rayhinereptiles.co.uk

The Urban Reptile https://theurbanreptile.com
とっとこのレオパ覚え書き https://totokoleopa.amebaownd.com/

【參考書籍（依日文五十音排序）】

LEOPARD GECKO MORPHS（Ron & Helene Tremper）
LEOPARD GECKOS - The Next Generations（Ron Tremper）
TheLeopardGecko Manual（Philippe De Vosjoli）
《クリーパーNo.77 トカゲモドキ属の分類と自然史（前編）》Go!!Suzuki・クリーパー社
《ヒョウモントカゲモドキ品種図鑑》中川翔太著，誠文堂新光社
《ヒョウモントカゲモドキと暮らす本（アクアライフの本）》寺尾佳之監修，エムピージェー
《ヒョウモントカゲモドキの健康と病気》小家山仁著，誠文堂新光社
《ヒョウモントカゲモドキの取扱説明書 レオパのトリセツ》石附智津子著，クリーパー社
《ヒョウモントカゲモドキ完全飼育》海老沼剛著，誠文堂新光社
《ヤモリ大図鑑（ディスカバリー生き物・再発見）》中井穂瑞領著，誠文堂新光社
等其他多本

協力　アクアセノーテ、Artifact、アンテナ、ESP、右川颯矢、エキゾチックサプライ、邑楽ファーム、大津熱帯魚、沖縄爬虫類友の会、SBS、エンドレスゾーン、オリュザ、カミハタ養魚、亀太郎、キボシ亀男、キャンドル、日下知春、小家山仁、サムライジャパンレプタイルズ、Jewelgeckos、秋海棠、しろくろ、須佐利彦、スドー、スティーブサイクス、蒼天、高田爬虫類研究所、多田季美佳、TCBF、ドリームレプタイルズ、トロピカルジェム、中村暢希、永野修人、ネイチャーズ北名古屋店、バグジー、爬虫類倶楽部、Herptile Lovers、V-house、豹紋堂、ぶりっ堂、ぶりくら市、ペットショップふじや、ペットハウスブーキー、ブミリオ、BebeRep.、松村しのぶ、マニアックレプタイルズ、安川雄一郎、やもはち屋、油井浩一、ラセルタルーム、リミックス ペポニ、Reptilesgo-DINO、レプティスタジオ、レプレプ、ロン・トレンパー、ワイルドモンスター

【協助、照片提供】

SBS四國Breeders Street
Eelco Schut先生（BC-reptiles）
Miles Schwartz先生（Impeccable Gecko）
STAY REAL GECKO 右川颯矢
leopas atelier 中村暢希
黑木俊郎（岡山理科大學獸醫學院）
村岡慎介（小田原Reptiles）

【製作】

Imperfect（竹口太朗／平田美咲）

豹紋守宮完全飼養手冊
詳細解說飼養、繁殖到品種等，飼主常見疑惑全收錄

2025年7月1日初版第一刷發行

著　　　者	中川翔太
編輯、攝影	川添宣広
譯　　　者	蕭辰倢
編　　　輯	吳欣怡
發 行 人	若森稔雄
發 行 所	台灣東販股份有限公司
	＜地址＞台北市南京東路4段130號2F-1
	＜電話＞（02）2577-8878
	＜傳真＞（02）2577-8896
	＜網址＞https://www.tohan.com.tw
郵 撥 帳 號	1405049-4
法 律 顧 問	蕭雄淋律師
總 經 銷	聯合發行股份有限公司
	＜電話＞（02）2917-8022

禁止複製。刊載於本書的內容（內文、照片、設計、圖表等）僅個人使用，禁止未經作者許可的轉用及商業用途。

著作權所有，禁止翻印轉載。
購買本書者，如遇缺頁或裝訂錯誤，
請寄回更換（海外地區除外）。
Printed in Taiwan

HYOUMONTOKAGEMODOKI ONAYAMI KAIKETSU JITEN
© NOBUHIRO KAWAZOE 2023
Originally published in Japan in 2023 by Seibundo Shinkosha Publishing Co., Ltd.,TOKYO.
Traditional Chinese Characters translation rights arranged with Seibundo Shinkosha Publishing Co., Ltd.,TOKYO, through TOHAN CORPORATION, TOKYO.

國家圖書館出版品預行編目 (CIP) 資料

豹紋守宮完全飼養手冊：詳細解說飼養、繁殖到品種等,飼主常見疑惑全收錄/中川翔太著；蕭辰倢譯. -- 初版. -- 臺北市：臺灣東販股份有限公司, 2025.07
192面；16.3×23公分
ISBN 978-626-379-983-7(平裝)

1.CST: 爬蟲類 2.CST: 寵物飼養

437.394　　　　　　　　　114007026